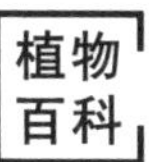

庭院里常见的植物

植物百科编委会　编著

中国大百科全书出版社

图书在版编目（CIP）数据

植物百科．庭院里常见的植物 / 植物百科编委会编著．-- 北京 ：中国大百科全书出版社，2025. 1.
ISBN 978-7-5202-1802-3

Ⅰ．Q94-49

中国国家版本馆 CIP 数据核字第 20240KL565 号

总 策 划：刘　杭　　郭继艳
策划编辑：张会芳
责任编辑：宋　娴
责任校对：梁嫕曦
责任印制：王亚青
出版发行：中国大百科全书出版社有限公司
地　　址：北京市西城区阜成门北大街 17 号
邮政编码：100037
电　　话：010-88390811
网　　址：http://www.ecph.com.cn
印　　刷：唐山富达印务有限公司
开　　本：710mm×1000mm　1/16
印　　张：10
字　　数：100 千字
版　　次：2025 年 1 月第 1 版
印　　次：2025 年 1 月第 1 次印刷
书　　号：ISBN 978-7-5202-1802-3
定　　价：48.00 元

总　序

这是一套面向大众、根植于《中国大百科全书》第三版（以下简称百科三版）的百科通俗读物。

百科全书是概要记述人类一切门类知识或某一门类知识的完备的工具书。它的主要作用是供人们随时查检需要的知识和事实资料，还具有扩大读者知识视野和帮助人们系统求知的教育作用，常被誉为“没有围墙的大学”。简而言之，它是回答问题的书，是扩展知识的书。

中国大百科全书出版社从1978年起，陆续编纂出版了《中国大百科全书》第一版、第二版和第三版。这是我国科学文化建设的一项重要基础性、标志性、创新性工程，是在百年未有之大变局和中华民族伟大复兴全局的大背景下，提升我国文化软实力、提高中华文化国际影响力的一项重要举措，具有重大的现实意义和深远的历史意义。

百科三版的编纂工作经国务院立项，得到国家各有关部门、全国科学文化研究机构、学术团体、高等院校的大力支持，专家、学者5万余人参与编纂，代表了各学科最高的专业水平。专家、作者和编辑人员殚精竭虑，按照习近平总书记的要求，努力将百科三版建设成有中国特色、有国际影响力的权威知识宝库。截至2023年底，百科三版通过网站（www.zgbk.com）发布了50余万个网络版条目，并陆续出版了一批纸质版学科卷百科全书，将中国的百科全书事业推向了一个新的高度。

重文修武，耕读传家，是我们中国人悠久的文化传承。作为出版人，我们以传播科学文化知识为己任，希望通过出版更多优秀的出版物来落实总书记的要求——推动文化繁荣、建设中华民族现代文明，努力建设中国式现代化强国。

为了更好地向大众普及科学文化知识，我们从《中国大百科全书》第三版中选取一些条目，通过“人居环境”“科学通识”“地球知识”“工艺美术”“动物百科”“植物百科”“渔猎文明”“交通百科”等主题结集成册，精心策划了这套大众版图书。其中每一个主题包含不同数量的分册，不仅保持条目的科学性、知识性、准确性、严谨性，而且具备趣味性、可读性，语言风格和内容深度上更适合非专业读者，希望读者在领略丰富多彩的各领域知识之时，也能了解到书中展示的科学的知识体系。

衷心希望广大读者喜爱这套丛书，并敬请对书中不足之处给予批评指正！

《中国大百科全书》编辑部

“植物百科”丛书序

全世界已知约30万种植物，它们的个体大小、寿命差异很大，从肉眼看不见的单细胞绿藻，到海洋中的巨藻和陆地上庞大的、寿过几千年的“世界爷”——北美红杉，都属于植物。植物与人类的关系极为密切，它们是地球上的初级生产者，是其他生物直接或间接的食物来源和氧气的制造者，在维持物质循环、生态系统相对平衡和生物多样性上具有极其重要的作用。

植物有多种分类方式。根据植物分类学，可将植物分为藻类植物、苔藓植物、石松类植物、蕨类植物、裸子植物和被子植物。日常生活中，常根据植物的生长环境或者用途等进行分类。如按照生活环境（生境）和生活方式，植物可分为陆生植物和水生植物；根据是否有人为干预，分为栽培植物和野生（野外）植物。其中，栽培植物最初是野生植物，经过人工培育后，具有一定生产价值或经济性状，遗传性稳定，能满足人类的需求。按照人工栽培环境，植物可分为大田植物、阳台植物、庭院植物、公园里的植物等。根据植物生长的地理分区，还可分为南方植物和北方植物。由于植物是自养型生物，一般无须运动，因而植物常是固定在某一环境中，并终生与环境相互影响。但植物在某个环境的常见为相对常见，并非绝对，如某一植物是庭院植物，也是阳台常见的植物，某些南方植物也可能出现在北方的温室中。

为便于读者全面地了解各类植物，编委会依托《中国大百科全书》

第三版生物学、渔业、植物保护学、林业、园艺学、草业科学等学科内容，精心策划了“植物百科”丛书，选择相对常见的植物类型及种类，编为《餐桌上常见的植物》《阳台上常见的植物》《庭院里常见的植物》《公园里常见的植物》《北方野外常见的植物》《南方常见的植物》《常见的水生植物》等分册，图文并茂地介绍了各类植物。

希望这套丛书能够让读者更多地了解和认识各类植物，引起读者对植物的关注和兴趣，起到传播科学知识的作用。

植物百科丛书编委会

目 录

第1章 观赏花木

百合科

朱　蕉

朱蕉是龙舌兰科朱蕉属直立灌木。又称朱竹、铁树、红叶铁树。朱蕉原产于亚洲、大洋洲热带地区。中国南部热带地区有分布。

朱蕉高 1 ～ 3 米。茎粗 1 ～ 3 厘米，有时稍分枝。叶聚生于茎或枝的上端，绿色或带紫红色，叶柄有槽，抱茎。圆锥花序侧枝基部有大的苞片。花淡红色、青紫色至黄色；花梗通常很短；外轮花被片下半部紧贴内轮而形成花被筒，上半部在盛开时外弯或反折；雄蕊生于筒的喉部，稍短于花被；花柱细长。花期 11 月至次年 3 月。

朱蕉叶

朱蕉株型美观，色彩华丽高雅，具有

较好的观赏性。用于庭园栽培，为观叶植物。

龙血树

龙血树是龙舌兰科龙血树属乔木状或灌木状植物。龙血树属全属约 40 种，分布于亚洲和非洲的热带与亚热带地区。中国有 5 种，产于南部。

龙血树

龙血树茎多木质，有髓和次生形成层，常具分枝。叶剑形、倒披针形或其他形状，有时较坚硬，常聚生于茎或枝的顶端或最上部，无柄或有柄，基部抱茎，中脉明显或不明显。总状花序、圆锥花序或头状花序生于茎或枝顶端；花被圆筒状、钟状或漏斗状；花被片 6，不同程度地合生；花梗有关节；雄蕊 6，花丝着生于裂片基部，下部贴生于花被筒，花药背着，常呈丁字状，内向开裂；子房 3 室，每室 1 ～ 2 枚胚珠；花柱丝状，柱头头状，3 裂。浆果近球形，具 1 ～ 3 颗种子。

龙血树属植物的繁殖方法有播种、扦插、压条和组织培养等。该属植物有耐阴种类，如富贵竹；也有喜全日照环境的种类，如剑叶龙血树。宜栽种在 pH 为 5.5 ～ 6 的酸性土壤中，最适生长温度为 18 ～ 35℃，不耐寒，0℃时会出现冻害，有一定的耐旱能力。

龙血树属植物茎干挺拔，叶片披散丛生于植株上半部，富有热带风情，是优良的观叶树种，常用于室内盆栽或热带地区园林栽培。较常见的园艺种类有：巴西铁树、富贵竹、龙血树。该属部分植物还具备极高的药用价值，如非洲龙血树、剑叶龙血树等可作为血竭药源植物。

大戟科

变叶木

变叶木是大戟科变叶木属小乔木。又称变色月桂、洒金榕。

变叶木原产于亚洲马来半岛至大洋洲区域。中国南部、热带区域多有栽培。

变叶木枝条无毛，枝上有明显叶痕。叶薄革质，形状变异多样，叶形有线状披针形、披针形、长圆形、椭圆形、卵形、匙形、提琴形至倒卵形。叶片有时在中部被中脉分割为上下两片。叶长 5 ～ 30 厘米，宽 0.5 ～ 8.0 厘米，顶端短尖、渐尖至圆钝，基部楔形、短尖至钝，边全缘、浅裂至深裂，两面无毛，绿色、淡绿色、紫红色、紫红与黄色相间、黄色与绿色相间，或有时在绿色叶片上散生黄色或金黄色斑点或斑纹。叶柄长 0.2 ～ 2.5 厘米。总状花序腋生，雌雄同株异序，长 8 ～ 30 厘米。蒴果近球形，稍扁，无毛，直径约 9 毫米。种子长约 6 毫米。花期 9 ～ 10 月。

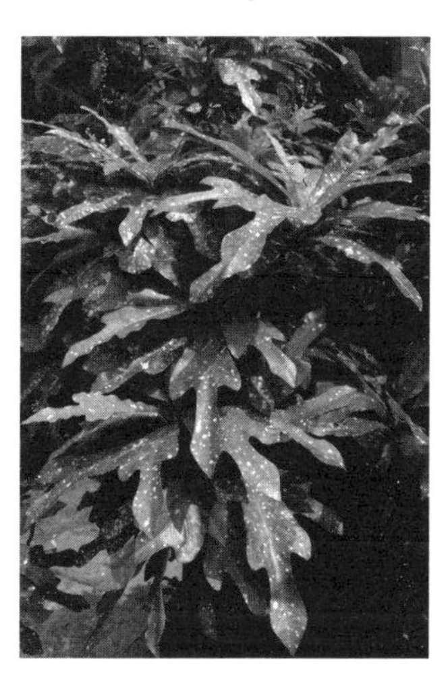

变叶木

变叶木是热带、亚热带地区常见的观叶植物，可配植于花坛、花境中。

一品红

一品红是大戟科大戟属常绿灌木。

一品红原产于美洲，广泛栽培于热带和亚热带。中国绝大部分省、自治区、直辖市均有栽培。

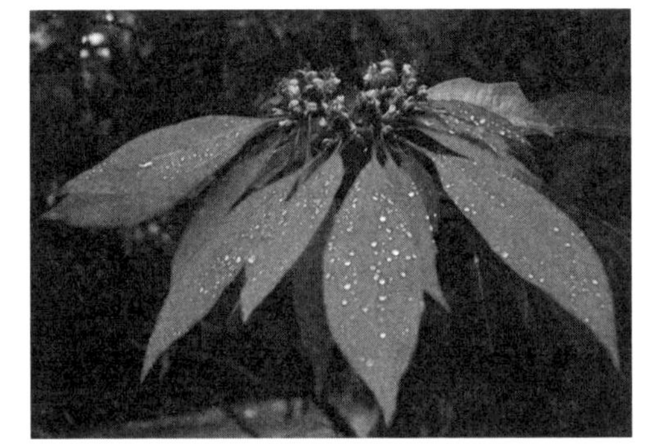
一品红

一品红有轻微毒性。根圆柱状，极多分枝。茎直立，高 1 ～ 3 米。叶互生，卵状椭圆形、长椭圆形或披针形，绿色，边缘全缘或浅裂或波状浅裂，叶面被短柔毛或无毛，叶背被柔毛。杯状花序多数聚伞排列于枝顶。花小，无花被，着生于总苞内；总苞坛状，淡绿色，边缘齿状 5 裂，裂片三角形，无毛。下具披针形苞叶 10 ～ 15 枚，通常全缘，有红、黄、白等色。花期 11 月至次年 3 月。常见栽培品种有重瓣一品红、一品黄、一品粉、球状一品红、三倍体一品红等。

一品红是短日照植物，喜温暖湿润、阳光充足的环境。生长适温为 25 ～ 30℃，冬季温度不低于 15℃。要求肥沃湿润的微酸性土壤。一品红的扦插繁殖主要有半硬枝扦插和嫩枝扦插两种方式，在清晨剪取 10 厘米长的插穗，插穗切口切成平口或斜面，切口在芽基部节下 0.5 厘米处。用清水清洗干净流出的白色胶质乳液并涂以新鲜黏土或草木灰，或者蘸一下生根粉，以促其生根。插穗插入基质的深度一般不超过 2.5 厘米，扦插的株行距为 4 厘米 ×4 厘米，15 ～ 18 天生根。定植 3 周后进行摘心，以促进植株丰满并降低高度，摘心时留4～6个叶节。清明节前后将休眠老株换盆，剪除老根及病弱枝条，在生长过程中须摘心两次，第一次在6月下旬，第二次在8月中旬。栽培过程中控制大肥大水。待枝条长20～30厘米时开始整形做弯，使株型矮小，花头整齐，分布均匀，提高观赏性。

一品红花色鲜艳，花期长，正值元旦、春节开花，盆栽布置室内环境可增加喜庆气氛；也适宜布置会议室等公共场所。南方暖地可露地栽培，美化庭园，也可作切花。全株可入药。

豆　科

合　欢

合欢是豆科合欢属落叶乔木。又称马缨花、绒花树、夜合合、拂绒等。合欢原产于亚洲及非洲，分布于中国自黄河流域至珠江流域的广大地区。

合欢高可达16米，树冠扁圆形，常呈伞状。小枝有棱角，嫩枝、花序和叶轴被绒毛或短柔毛。2回偶数羽状复叶，总叶柄近基部及最顶一对羽片着生处各有1枚腺体。羽片4～12对，小叶10～30对，线形至长圆形，长6～12毫米，宽1～4毫米，中脉紧靠上边缘，叶背中脉处有毛。头状花序于枝顶排成圆锥花序。花粉红色，花萼管状，裂片三角形，长1.5毫米，花萼、花冠外均被短柔毛。荚果带状，长9～15厘米，宽1.5～2.5厘米，嫩荚有柔毛，老荚无毛。花期6～7月，果期8～10月。

合欢喜光，耐寒性稍差，耐干旱、瘠薄，对土壤要求不严，不耐水涝。常用播种繁殖。

合欢花

合欢可作城市行道树、观赏树，也可作庭荫树，植于林缘、房前、草坪、山坡等地。树皮及花可入药，有安神、活血、止痛等功效。木材纹理通直，质地细密，可作家具、农具等的材料。

槐

槐是豆科槐属乔木。又称国槐、金药树、豆槐、守宫槐、早开槐等。槐原产于中国，南北各省、自治区、直辖市均有广泛栽培，华北平原和黄土高原地区尤为多见。

槐高可达 25 米。树皮灰褐色，具纵裂纹。当年生枝绿色，无毛。羽状复叶长达 25 厘米。叶柄基部膨大，包裹着芽。托叶形状多变，有时呈卵形，叶状有时线形或钻状，早落。小叶 7 ～ 15 枚，对生或近互生，纸质，卵状披针形或卵状长圆形，长 2.5 ～ 6 厘米，先端渐尖，具小尖头，基部宽楔形或近圆形，稍偏斜，叶背灰白色，幼时被疏短柔毛。圆锥花序顶生，常呈金字塔状。花梗比花萼短，小苞片 2 枚，形似小托叶。花萼浅钟状，萼齿 5，近等大，圆形或钝三角形，被灰白色短柔毛，萼管近无毛。花冠白色或淡黄色，具短柄，有紫色脉纹，先端微缺，基部浅心形。雄蕊近分离，宿存。子房近无毛。荚果串珠状，肉质，长2～8厘米，成熟后不开裂，也不脱落。种子卵球状，淡黄绿色，干后黑褐色。花期7～8月，果期8～10月。

槐喜光，略耐阴。喜干冷气候和深厚、排水良好的沙质壤土，在石灰性、酸性及轻盐碱土上均可正常生长。在干燥、贫瘠的山地及洼积水处生长不良。多用播种法繁殖。

槐花

槐树冠优美，花芳香，是行道树和优良的蜜源植物。因其耐烟毒能力强，是厂矿区良好的绿化树种。花和荚果入药，有清凉收敛、止血降压作用。叶和根皮有清热解毒作用，可治疗疮毒。木材坚韧、耐水湿、富弹性，可供建筑、家具、农具用。

羊蹄甲

羊蹄甲是豆科羊蹄甲属植物。又称紫花羊蹄甲、玲甲花。羊蹄甲主要分布于热带和亚热带地区。在中国，产于南部地区，有50余种。

羊蹄甲叶全缘，先端凹缺或分裂为2裂片，有时深裂达基部而成2片离生的小叶；基出脉3至多条，中脉常伸出于2裂片间形成一小芒尖，叶形酷似羊蹄的脚印。花两性，很少为单性，苞片和小苞片通常早落；花瓣5片，雄蕊10，有时退化为5～3或1枚。荚果长圆形、带状或线形。

种子圆形或卵形、扁平。

羊蹄甲有藤本、灌木、乔木 3 种类型。乔木型羊蹄甲是中国华南地区重要的园林景观树种，主要有香港紫荆花、羊蹄甲、洋紫荆。其中香港紫荆花为自然杂交种，不结实，花期长，可达 4 个月，香港特别行政区区旗上的花朵图案就是该种花。洋紫荆又称宫粉羊蹄甲，在中国云南西双版纳少数民族地区有食用其花蕾的习俗，也有将羊蹄甲嫩枝尖作为野生蔬菜食用的习俗。上述 3 种羊蹄甲叶子也可作为青贮饲料进行开发利用。

羊蹄甲属很多植物在中国作为药用植物，它的根皮、茎皮及叶的提取物可治疗腹泻、风湿病和糖尿病，以及用于镇痛等。

葡萄科

地　锦

地锦是葡萄科地锦属木质藤本植物。又称爬山虎、铺地锦。

地锦分布于中国吉林、辽宁、河北、河南、山东、安徽、江苏、浙江、福建等地。朝鲜、日本也有分布。

地锦小枝圆柱形，几无毛或微被疏柔毛。卷须 5 ～ 9 分枝，相隔 2 节间断与叶对生。卷须顶端嫩时膨大呈圆珠形，后遇附着物扩大成吸盘。叶为单叶，倒卵圆形，通常 3 裂，幼苗或下部枝上叶较小，长 4.5 ～ 17 厘米，宽 4 ～ 16 厘米，顶端裂片急尖，基部心形，边缘有粗锯齿，上面绿色，无毛，下面浅绿色，无毛或中脉上疏生短柔毛。叶柄长 4 ～ 12

厘米，无毛或疏生短柔毛。花序着生在短枝上，基部分枝，形成多歧聚伞花序。萼碟形，边缘全缘或呈波状，无毛。花瓣 5，长椭圆形。果实球形，有种子 1～3 颗。种子倒卵圆形，顶端圆形，基部急尖成短喙。种脐在背面中部呈圆形，腹部中棱脊凸出，两侧洼穴呈沟状，从种子基部向上达种子顶端。花果期 5～10 月。

地锦

地锦喜阴，耐寒，对土壤及气候适应能力很强，生长快。对氯气抗性强。常攀附于岩壁、墙垣和树干上。

地锦是著名的垂直绿化植物，既能美化墙壁，又能防暑隔热，可在宅院墙壁、围墙、庭院入口处、桥头石塊等处配置。根、茎入药，能祛瘀消肿。

杜鹃花科

杜鹃花

杜鹃花是杜鹃花科杜鹃属植物的统称。又称映山红、山石榴、唐杜鹃等。

◆ **种质资源**

全球共描述记录杜鹃花约 1000 种。中国约有 600 种，是世界上杜鹃花种类最多的国家。杜鹃花在中国分布广泛，除新疆和宁夏外，其他地区均有分布。中国西南地区是该属植物多样化中心，约有410种。在系统分类上，可分为8个亚属即马银花亚属、纯白杜鹃亚属、常绿杜鹃亚属、异蕊杜鹃亚属、羊踯躅亚属、杜鹃亚属、叶状苞亚属、映山红亚属，其中以常绿杜鹃亚属、羊踯躅亚属、映山红亚属等最为普遍；而从栽培应用上，常分为高山杜鹃（常绿杜鹃）和普通杜鹃（落叶杜鹃）两大类，其中普通杜鹃又可分为春鹃、夏鹃、西鹃、东鹃。

◆ 分类

栽培的杜鹃花园艺品种都是由映山红原种通过杂交或芽变不断选育出来的后代，世界上已有园艺品种近万个。在中国，江西、安徽、贵州以杜鹃花为省花，广东的珠海市、韶关市，福建的三明市，江苏的无锡市，湖南的长沙市，云南的大理市，江西的九江市、井冈山市，辽宁的丹东市，台湾的新竹市，浙江的嘉兴市和安徽的巢湖市等将其定为市花。中国从20世纪20～30年代开始从日本、欧美等国家或地区引进园艺品种进行栽培，通过杂交培育出一些新品种，如复色仿西鹃、笑二乔、重瓣紫萼杜鹃、宝玉、春潮、红阳等。园艺品种根据形态、性状、亲本和来源可分为四大品系，即春鹃品系、夏鹃品系、西鹃品系、东鹃品系。

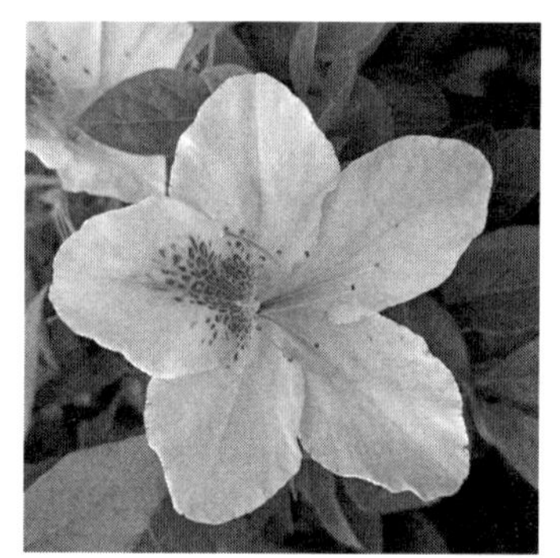

毛鹃

春鹃品系

春鹃品系即通常所说的“毛鹃”，花期4～5月。高2～3米，生长健壮，适应力强，较耐寒，耐高温，不耐积水。幼枝密被褐色刚毛，叶具粗糙毛。花大，单瓣，宽漏斗状，少有重瓣，花色有红、紫、粉、白及复色等。

夏鹃品系

夏鹃品系原产于印度和日本，一般在 5 ～ 6 月开花。株型矮壮，高约 1 米，枝叶纤细，分枝稠密，树冠丰满、整齐。叶片狭小，排列紧密。花冠阔漏斗状，花径 6 ～ 8 厘米，花色、花瓣同西鹃品系一样丰富。

西鹃品系

西鹃品系又称西洋杜鹃、比利时杜鹃。花色、花形最丰富。株型矮壮，树冠紧密，叶片厚实，深绿少毛，叶有光叶、尖叶、扭叶、长叶与阔叶之分。花色多样，有单色、镶边、点红、亮斑等。多为重瓣，少有单瓣，花瓣狭长、圆阔、平直、后翻、波浪、皱边、卷边等。花径 6 ～ 8 厘米，也有超过 10 厘米的。习性娇嫩，怕晒怕冻。已育出大量杂交新品种。

东鹃品系

东鹃品系引自日本，又称东洋鹃。高 1 ～ 2 米，分枝散乱，叶薄色淡，毛少有光亮，花朵繁密，花径 2 ～ 4 厘米，最大的 6 厘米，花色丰富，单瓣或由花萼瓣化而成套筒瓣，少有重瓣。

◆ 形态特征

杜鹃花为灌木或乔木，有时矮小呈垫状，地生或附生；植株无毛或被各式毛被或被鳞片。叶常绿或落叶、半落叶，互生，全缘，稀有不明显的小齿。花芽被多数形态大小有变异的芽鳞。花显著，形小至大，通常排列成伞形总状或短总状花序，稀单花，通常顶生，少有腋生。花萼

5～6（～8）裂或环状无明显裂片，宿存。花冠漏斗状、钟状、管状或高脚碟状，整齐或略两侧对称，5～6（～8）裂，裂片在芽内覆瓦状。雄蕊5～10，通常10，稀15～20（～27），着生花冠基部，花药无附属物，顶孔开裂或为略微偏斜的孔裂。花盘多少增厚而显著，5～10（～14）裂。子房通常5室，少有6～20室，花柱细长劲直或粗短而弯弓状，宿存。蒴果自顶部向下室间开裂，果瓣木质，少有质薄者开裂后果瓣多少扭曲。种子多数，细小，纺锤形，具膜质薄翅，或种子两端有明显或不明显的鳍状翅，或无翅但两端具狭长或尾状附属物。

◆ **用途**

杜鹃花是国际著名花卉，也是中国传统十大名花之一，被誉为“花中西施”。花叶兼美，地栽、盆栽皆宜。在国际上杜鹃花也有着重要地位，英国甚至有“无鹃不成园”的说法。杜鹃花色泽艳丽，姿态优美，应用观赏价值极高，不仅可用作绿篱、地被、花境等常规园林绿化形式，也可作专类园和主题花展的布置，同时还是非常优良的盆栽花卉。另外，许多种类如髯花杜鹃、迎红杜鹃、羊踯躅等还广泛应用于医药、食品和化工等许多领域。

卫矛科

冬青卫矛

冬青卫矛是卫矛科卫矛属常绿灌木或小乔木。又称大叶黄杨。

冬青卫矛株高4米。小叶绿色，梢有棱，叶狭椭圆形、卵形或倒卵形，表面浓绿有光，革质，边缘有钝齿，两面无毛。花白绿色，5 ～ 12 朵花呈聚伞状花序，生于枝条上部的叶腋。蒴果扁球形，淡粉红色，熟时开裂，露出橘红色假种皮。

冬青卫矛叶

冬青卫矛可通过扦插及播种方式繁殖，生长缓慢的品种可用嫁接。喜温暖、背风向阳的环境，稍耐阴。喜生长于肥沃、透水良好的土壤。

冬青卫矛在中国南方各地及华北南部普遍栽培。枝叶繁茂，耐修剪，耐移植，多用作绿篱，或修剪成球形，为上好的绿篱材料。主要栽培品种有银边大叶黄杨、银心大叶黄杨、金边大叶黄杨、金心大叶黄杨等。

夹竹桃科

夹竹桃

夹竹桃是被子植物真双子叶植物龙胆目夹竹桃科夹竹桃属的一种。

夹竹桃名出《植物名实图考》。因花五瓣长筒，红色娇艳似桃花，叶狭长如竹，“叶疏疑竹，花嫩似桃”，故得名。

夹竹桃原产于伊朗、阿富汗、尼泊尔和印度，广泛栽培于世界各地。中国南方有引种，北方不能露植。

夹竹桃为常绿直立灌木，有乳汁，高可达 5 米。叶 3 ～ 4 片轮生，下部叶对生，窄披针形，较硬质，侧脉密生而平行，直达叶缘，先端急尖，基部楔形，上面深绿色，边缘稍反卷。聚伞花序顶生，着花数朵；花芳香；花萼5深裂，红色，披针形，外面无毛，内面基部具腺体；花冠深红色或粉红色，栽培变种则为白色或黄色，单瓣呈5裂时，花冠为漏斗状，其花冠筒圆筒形，上部扩大呈钟形，花冠筒内面被长柔毛，花冠喉部具5片宽鳞片状副花冠，每片其顶端撕裂，并伸出花冠喉部之外；花冠为重瓣呈15～18枚时，裂片组成3轮，内轮为漏斗状，外面两轮为辐状，分裂至基部或每2～3片基部连合，裂片长2～3.5厘米，宽1～2厘米，每花冠裂片基部具长圆形而顶端撕裂的鳞片；雄蕊着生于花冠管内壁中部以上，花丝短，被长柔毛，花药箭头状，与柱头连生，药隔延长呈丝状，被柔毛；无花盘；心皮2，离生，被柔毛，花柱丝状，柱头近球圆形，顶端凸尖；每心皮有胚珠多颗。蓇葖果2，离生。几乎全年有花，但夏秋最盛。

夹竹桃全株含夹竹桃苷，叶和树皮入药，有强心利尿、祛痰定喘、镇痛、祛瘀的作用。有毒，切忌多服。茎皮纤维优良，可作混纺原料。种子含油量约58.8%，可榨油供制润滑油。本种为常见的观赏植物，对烟尘及多种有害气体有较强的抗性，宜于成片植于工矿区企业、街道绿地和庭院，以净化空气，保护环境。

长春花

长春花是夹竹桃科长春花属多年生草本或亚灌木。

长春花原产于非洲东部。中国各地有栽培，在长江以南地区栽培较为普遍。

长春花略有分枝，株高达60厘米。叶对生，膜质，倒卵状长圆形，先端圆。聚伞花序顶生或腋生，有花 2 ～ 3 朵；花冠高脚碟状、5 裂，向左卷旋，花冠筒圆筒状；花红色、黄色、白色等。蓇葖双生，直立；种子黑色。花期、果期几乎全年。

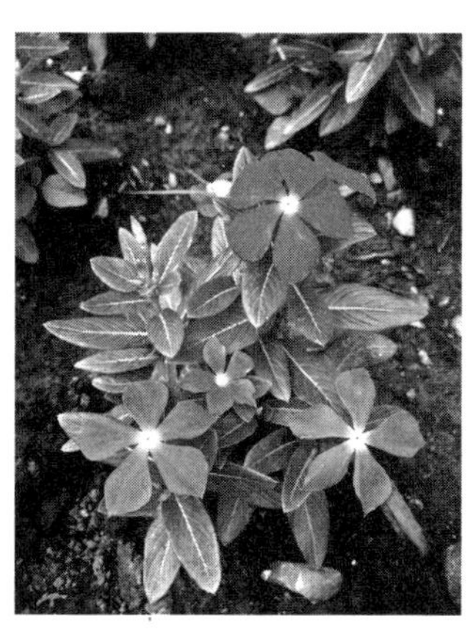
长春花

长春花性喜阳光充足、高温高湿，耐半阴，不耐严寒，适宜温度为 20 ～ 33℃。怕涝，以排水良好、通风透气的沙质或富含腐殖质的土壤为好，盐碱土壤不宜栽培。

长春花花期长，栽培品种多，育种以花朵大为趋势。常作花坛、花境、庭园栽培或盆栽观赏。全株具毒性，入药有止痛、消炎、安眠、通便及利尿等功效。

蔓长春花

蔓长春花是夹竹桃科蔓长春花属蔓性半灌木植物。又称长春蔓。蔓长春花原产于地中海沿岸及美洲，印度等地也有分布。

蔓长春花叶片全缘对生，翠绿光滑而富有光泽。4 ～ 5 月开蓝色小花，优雅宜人。其变种花叶长春蔓，绿色叶片上有许多黄白色块斑，是一种美丽的观叶植物。

蔓长春花喜温暖湿润，喜阳光也较耐阴，稍耐寒，喜欢生长在深厚、肥沃、湿润的土壤中。蔓长春花在中国华东地区多作地被栽培，在半阴湿润处的深厚土壤中生长迅速，枝节间可着地生根，很快覆盖地面。其花叶品种多作盆栽观赏。盆栽时可用园土 2 份、腐叶土和炉渣各 1 份混合使用。上盆时，一盆可栽数株，以利快速成型。必要时，还可进行摘心，以促进其分枝繁衍，使株型尽快丰满。对脚叶脱落或茎蔓过长的老株，可短裁回缩，以萌发新枝更新。盆栽后宜放半阴处养护，夏季以给予明亮散射光为宜，避免阳光直晒，并适当喷水降温增湿。生长期水分要充足，每月施饼肥 2 ～ 3 次。入冬时要移入室内，放置在温度不低于 0℃的环境中即可安然越冬。

蔓长春花繁殖主要采用扦插法，在整个生长期中均可进行。做法是取茎 2 ～ 3 节插于沙或土中，按时浇透水，遮阴，约 10 天就能生根。此外，还可采用分株、压条法繁殖。

蔓长春花既耐热又耐寒，四季常绿，有较强的生命力，是一种理想的地被植物，且花色绚丽，有着较高的观赏价值。

鸡蛋花

鸡蛋花是夹竹桃科鸡蛋花属肉质小乔木。又称缅栀子、鹿角花。

鸡蛋花原产于西印度群岛、委内瑞拉、危地马拉等地，全球各热带、亚热带地区广泛种植。东南亚等地将其种于寺庙旁，称为庙树、塔树。鸡蛋花是老挝国花，也是中国云南西双版纳和德宏地区南传佛教文化中“五树六花”之一。

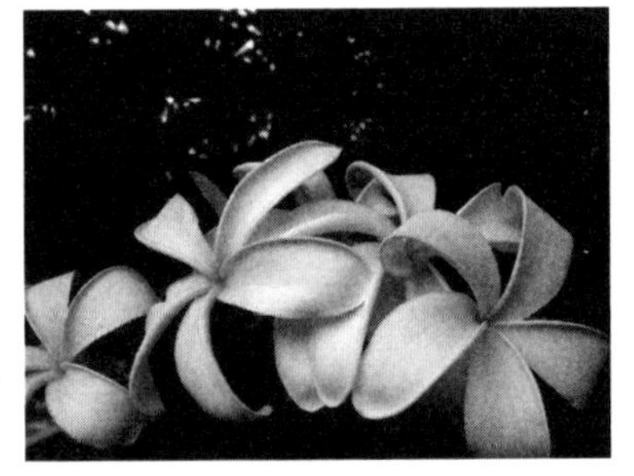

鸡蛋花

鸡蛋花树高可达 5 ～ 9 米。肉质茎，含丰富的乳汁。叶互生，密集于枝梢，厚纸质，长椭圆形或长披针形。

顶生聚伞花序，由数十朵花组成一簇。花瓣5枚，呈螺旋状散开。果实为蓇葖果对生。花期5～10月，热带地区全年均可开花。喜光照充足、高温湿润气候，耐旱耐碱，忌涝，在肥沃的沙质土壤中生长较好。一般采用扦插繁殖。环境湿度大时易患锈病而导致落叶，或冬季气候干旱导致落叶；落叶后树干形似鹿角。戟叶鸡蛋花耐寒性和抗锈病较强，在西双版纳地区表现为冬季不落叶。

鸡蛋花树形独特，品种多，花色丰富，花清香淡雅，花期长，常用于园林绿化或盆栽观赏。在云南西双版纳地区有食用其花朵的习俗。树皮和枝叶所含乳汁可医治疥疮、皮肤创伤等。

络　石

络石是夹竹桃科络石属常绿木质藤本植物。络石原产于中国黄河流域以南，南北各地均有栽培。

络石长达10米，具乳汁。茎赤褐色，圆柱形，有皮孔。小枝被黄色柔毛，老时渐无毛。叶革质或近革质，椭圆形至卵状椭圆形或宽倒卵形，长2～10厘米，宽1～4.5厘米，顶端锐尖至渐尖或钝，有时微凹或有小凸尖，基部渐狭至钝。叶面无毛，叶背被疏短柔毛，老渐无毛；叶面中脉微凹，侧脉扁平，叶背中脉凸起，侧脉每边6～12条，扁平或稍凸起。叶柄短，被短柔毛，老渐无毛；叶柄内和叶腋外腺体钻形，长约1毫米。二歧聚伞花序腋生或顶生，花多朵组成圆锥状，与叶等长或较长；花白色，芳香。总花梗长2～5厘米，被柔毛，老时渐无毛；苞片及小苞片狭披针形，长1～2毫米；花萼5深裂，裂片线状披针形，顶部反卷，长 2 ～ 5 毫米，外面被长柔毛及缘毛，内面无毛，基部具 10 枚鳞片状腺体；花蕾顶端钝，花冠筒圆筒形，中部膨大，外面无毛，内面在喉部及雄蕊着生处被短柔毛，长 5 ～ 10 毫米，花冠裂片长 5 ～ 10 毫米，无毛。雄蕊着生在花冠筒中部，腹部黏生在柱头上，花药箭头状，基部具耳，隐藏在花喉内；花盘环状 5 裂与子房等长。子房由 2 个离生心皮组成，无毛，花柱圆柱状，柱头卵圆形，顶端全缘；每心皮有胚珠多颗，着生于 2 个并生的侧膜胎座上。蓇葖双生，叉开，无毛，线状披针形，向先端渐尖，长 10 ～ 20 厘米，宽 3 ～ 10 毫米。种子多颗，褐色，线形，长 1.5 ～ 2 厘米，直径约 2 毫米，顶端具白色绢质种毛；种毛长 1.5 ～ 3 厘米。花期 3 ～ 7 月，果期 7 ～ 12 月。

络石

络石采用压条、扦插繁殖，翌年便可开花；播种苗要三四年后才能开花。适应性极强，对土壤要求不严。喜光，稍耐阴、耐旱、耐水淹能力也很强，可耐 -23℃低温。抗污染能力强，生长快，叶常革质，表面有蜡质层，对有害气体如二氧化硫、氯化氢、氟化物及汽车尾气等光化学烟雾有较强抗性；对粉尘的吸滞能力强，能使空气得到净化。容易培育，管理粗放。

络石在园林中多作地被或盆栽观赏，为芳香花卉，花可提取络石浸膏。根、茎、叶、果实供药用，有祛风活络、利关节、止血、止痛消肿、清热解毒之效能，民间用来治疗关节炎、肌肉痹痛、跌打损伤、产后腹痛等；在中国安徽地区有时用于治疗腹水型血吸虫病。乳汁有毒，对心脏有毒害作用。茎皮纤维拉力强，可制绳索、造纸及制人造棉。

金丝桃科

金丝桃

金丝桃是金丝桃科金丝桃属落叶丛生灌木。在中国产于河北、陕西、广东、江西、江苏、安徽、浙江、福建、台湾、河南、湖北、湖南、广西、四川和贵州等地。欧洲金丝桃原产于欧洲西部和西南部。

金丝桃植株高达 75 厘米，枝直立。叶长圆形至卵圆形，表面浅绿色，背面色浅。聚伞花序，花星形，黄色。果圆形或卵形，熟时呈红色和黑色。花期从仲夏至秋季。金丝桃喜阳光充足，要求日照 16 小时以上，喜温暖湿润，以疏松肥沃、排水良好、pH 为 7 左右的沙壤土栽培为宜。病虫害主要为锈病、蓟马、蚜虫等。

金丝桃未成熟的果实可作切花、切果材料，用于切果的为欧洲金丝桃。

锦葵科

木　槿

木槿是锦葵科木槿属落叶灌木或小乔木。又称喇叭花、荆条、木棉、鸡肉花、大红花等。木槿原产于东亚，中国自东北南部至华南各地均有栽培。

木槿高 3 ～ 4 米。小枝幼时密被绒毛。叶菱状卵形，长 3 ～ 10 厘米，宽 2 ～ 4 厘米，常 3 裂，先端钝，基部楔形，边缘具钝齿，背面沿叶脉微被毛或近无毛，叶柄上面被星状柔毛，托叶线形，疏被柔毛。花单生于枝端叶腋间，花梗长 0.4 ～ 1.4 厘米，被星状短绒毛。小苞片 6 ～ 8，线形，密被星状疏绒毛。花萼钟状，长 1.4 ～ 2.0 厘米，密被星状短绒毛，裂片 5，三角形。花钟状，淡紫色，花瓣倒卵形，外面疏被纤毛和星状长柔毛。雄蕊柱长约 3 厘米，花柱无毛。蒴果卵圆状，直径约 1.5 厘米，密被黄色星状绒毛。花期 6 ～ 9 月，果期 9 ～ 11 月。

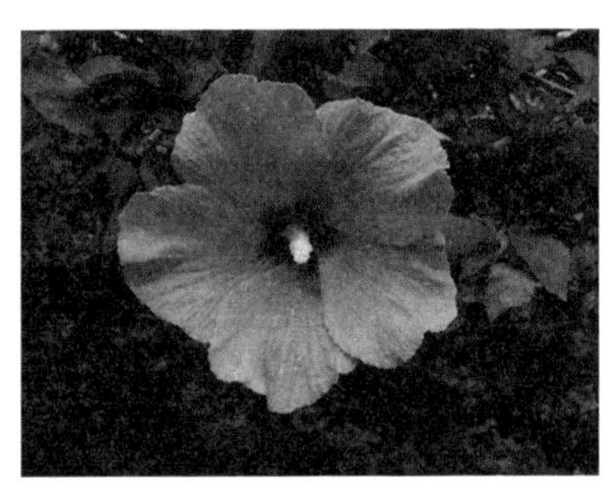
木槿花

木槿喜光，耐半阴。喜温暖湿润气候，较耐寒。适应性强，耐干旱及瘠薄土壤，不耐积水。萌蘖性强，耐修剪。可播种、扦插、压条繁殖。

木槿花色、花形多样，是优良的园林观花树种。可作围篱及基础种植材料，也宜丛植于草坪、路边或林缘。因其抗性强，也常被用于工厂绿化。茎皮富含纤维，可作造纸原料。全株可入药，有清热、凉血、利尿等功效。

扶　桑

扶桑是锦葵科木槿属常绿灌木。又称状元红、佛桑、朱槿等。

扶桑原产于中国南部，福建、广东、广西、云南、四川及台湾等地均有分布。

扶桑高可达 6 米，温室栽培高约 1 米。叶广卵形至长卵形，长 4 ～ 9 厘米，先端尖，缘具粗齿，基部近圆形且全缘，两面无毛或沿背面叶脉被疏毛，表面有光泽。黄冠常鲜红色，径 6 ～ 10 厘米。雄蕊柱和花柱长，伸出花冠外。花梗长 3 ～ 5 厘米。近顶端有关节。蒴果卵球状，径约 2.5 厘米，顶端短尖。夏秋开花。

扶桑喜光，喜温暖湿润气候，不耐寒。喜肥沃湿润、排水良好的土壤。常用扦插法繁殖。

扶桑花大色艳，花期长，可栽植于庭院，也可盆栽观赏，还可用于公园、花坛、宾馆、会场的布置。根、叶、花均可入药，有清热利水、解毒消肿的功效。

木芙蓉

木芙蓉是锦葵科木槿属落叶灌木或小乔木。又称酒醉芙蓉、芙蓉花等。

木芙蓉原产于中国，黄河流域至华南均有栽培。日本和东南亚各国也有栽培。

木芙蓉高 2 ～ 5 米。小枝、叶柄、花梗和花萼均密被星状毛与直毛相混的细绵毛。叶宽卵形至圆卵形或心形，直径 10 ～ 15 厘米，常 5 ～ 7 裂，裂片三角形，先端渐尖，具钝圆锯齿，上面疏被星状细毛和点，下面密被星状细绒毛。主脉 7 ～ 11 条，叶柄长 5 ～ 20 厘米，托叶披针形，常早落。花单生于枝端叶腋，小苞片 8，线形，密被星状绵毛，基部合生。萼钟状，长 2.5 ～ 3.0 厘米，裂片 5，卵形，渐尖头。花初开时白色或淡红色，后变深红色，花瓣近圆形，外面被毛，基部具髯毛。雄蕊柱长 2.5 ～ 3.0 厘米，无毛。蒴果扁球状，直径约 2.5 厘米，被淡黄色刚毛和绵毛，果爿 5。种子肾形，被长柔毛。花期 9 ～ 10 月，果熟期 10 ～ 11 月。

木芙蓉

木芙蓉喜光，稍耐阴。喜肥沃、湿润而排水良好的中性或微酸性沙壤土。喜温暖气候，不耐寒。萌蘖性强，生长较快。常用扦插和压条法繁殖，分株法、播种法也可繁殖。

木芙蓉花大色丽，是中国久经栽培的园林观赏植物。可栽植于庭院、坡地、林缘或栽作花篱。其茎皮纤维洁白柔韧，可供纺织、造绳、造纸等。花叶可供药用，有清肺、凉血、散热和解毒之功效。

毛茛科

铁线莲

铁线莲是毛茛科铁线莲属草质藤本植物。又称铁线牡丹、番莲、金包银、山木通。铁线莲分布于中国广西、广东、湖南、湖北、浙江和江苏等地，日本也有栽培。生于低山区的丘陵灌丛中，以及山谷、路旁和小溪边。

铁线莲长 1 ～ 2 米。茎棕色或紫红色，具六条纵纹，节部膨大，被稀疏短柔毛。二回三出复叶，连叶柄长达 12 厘米。小叶片狭卵形至披针形，顶端钝尖，基部圆形或阔楔形，边缘全缘，极稀有分裂，两面均不被毛，脉纹不显。花单生于叶腋；花梗长 6 ～ 11 厘米，近于无毛，在中下部生一对叶状苞片；苞片宽卵圆形或卵状三角形，基部无柄或具短柄，被黄色柔毛。花开展，直径约 5 厘米；萼片 6 枚，白色，倒卵圆形或匙形，顶端较尖，基部渐狭，内面无毛，外面沿三条直的中脉形成一条线状披针形条带，密被绒毛，边缘无毛。宿存花柱伸长成喙状，细瘦，下部有开展的短柔毛，上部无毛，膨大的柱头 2 裂。瘦果倒卵形，扁平，边缘增厚。花期 1 ～ 2 月，果期 3 ～ 4 月。

铁线莲可采用播种、压条、嫁接、分株或扦插等方法繁殖。喜肥沃、疏松、排水良好的碱性壤土，忌积水或夏季干旱而不能保水的土壤。花期须充分浇水，并酌情追肥。耐寒性强，可耐 -20℃低温，在夏季高温天气须采取降温措施。抗病虫害能力较强，常见病害有枯萎病、粉霉病、病毒病等；害虫有红蜘蛛、刺蛾等食叶性害虫。

铁线莲花

铁线莲是攀缘绿化中不可缺少的良好材料，可种植于墙边、窗前，或依附于乔木、灌木之旁，配置于假山、岩石之间，攀附于花柱、花门、篱笆之上，亦可盆栽观赏，均可产生不同凡响的景观效果。此外，种子含油量约 18%，可供工业用油；根和全草供药用，可利尿通经，根入药有解毒、利尿、祛瘀之效。

蜡梅科

夏蜡梅

夏蜡梅是蜡梅科夏蜡梅属落叶灌木。又称黄梅花、蜡木、牡丹木等。

夏蜡梅自然生长于中国浙江，分布在海拔 600 ～ 900 米的溪谷和山坡林间，属国家二级重点保护植物。野生种为濒危级物种。

夏蜡梅株高 1 ～ 2.5 米，树皮灰白色，枝干粗壮。当年生枝黄褐色，有光泽；叶对生，椭圆状卵形或卵圆形，叶缘上部浅波状，近基部具钝细齿。花单生当年枝顶，花被片二型，外被片大而薄，色白，缘具红晕，9 ～ 14 片，螺旋状排列，呈坛状，内被片 9 ～ 12 片，乳黄色，质厚，腹面基部散生淡紫色细斑纹，呈副冠状，花期 5 月下旬。假果由花托膨大而成，呈磬状，顶部收缩为平面，内含瘦果 2 个以上，矩圆形，9 ～ 10 月果熟。

夏蜡梅花

夏蜡梅性喜阴湿环境，较耐寒，喜富含腐殖质的微酸性土壤。通过播种方式繁殖。在园林绿地中，夏蜡梅宜植于偏阴环境。花形奇特，色彩鲜艳，可作为花灌木应用。

楝　科

米仔兰

米仔兰是楝科米仔兰属常绿灌木或小乔木。又称山胡椒、暹罗花、树兰、鱼子兰、兰花米、碎米兰。米仔兰开花时每一个枝条上着生

70 ～ 100 朵小花，因花很小，只有米粒大，故名。

米仔兰产于中国海南、广东、广西，常生于低海拔山地的疏林或灌木林中。福建、四川、贵州和云南等地常有栽培。

米仔兰幼苗时较耐荫蔽，长大后喜温暖、湿润的气候，怕寒冷；适合生长于肥沃、疏松、富含腐殖质的微酸性沙质土中；对低温十分敏感，很短时间的零下低温就能造成整株死亡。当温度达 16℃左右时，植株抽生新枝，但生长缓慢，不能形成花穗；气温达 25℃时，生长旺盛，新枝顶端叶腋孕生花穗。繁殖方式以扦插法和压条法为主。扦插法于 4 月下旬至 6 月中旬进行，压条法于 4 ～ 8 月进行。

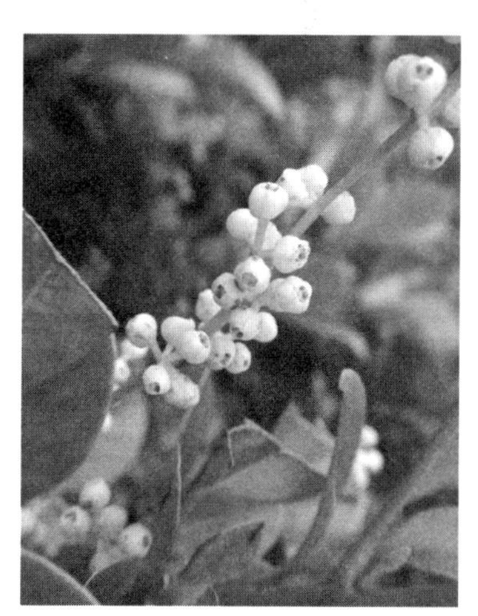

米仔兰花

有一变种小叶米仔兰，与米仔兰的主要区别在于：叶通常具小叶 5 ～ 7 枚，间或有 9 枚，狭长椭圆形或狭倒披针状长椭圆形，长在 4 厘米以下，宽 8 ～ 15 毫米。产于海南，生于低海拔山地的疏林或灌木林中，中国南方各地有栽培。

米仔兰可用作盆栽，既可观叶又可赏花。花醇香诱人，为优良的芳香植物，开花季节浓香四溢，可用于布置会场、门厅、庭院及用作家庭装饰；落花季节又可作为常绿植物陈列于门厅外侧及建筑物前。米仔兰枝、叶均可入药，用于治疗跌打、痈疮等；花可用于治疗气郁胸闷、食滞腹胀。

罗汉松科

罗汉松

罗汉松是罗汉松科罗汉松属常绿乔木。又称罗汉杉。

罗汉松产于中国江苏、浙江、福建、安徽、江西、湖南、四川、云南、贵州、广西、广东等地。日本也有分布。世界各地热带及温带地区广泛栽种。

罗汉松高达20米，叶为线状披针形，长7～10厘米，宽7～10毫米，全缘，有明显中肋，螺旋互生。初夏开花，亦分雌雄，雄花圆柱形，3～5个簇生在叶腋；雌花单生在叶腋。种托大于种子，种托成熟呈红紫色，种子为红色浆果。

罗汉松常见变种有短叶罗汉松、狭叶罗汉松、柱冠罗汉松。①短叶罗汉松。小乔木或呈灌木状，枝条向上斜展。叶短而密生，长2.5～7厘米，宽3～7毫米，先端钝或圆。原产于日本，中国江苏、浙江、福建、江西、湖南、湖北、陕西、四川、云南、贵州、广西、广东等地均有栽培，作庭园树。②狭叶罗汉松。该变种与罗汉松的区别在于叶较狭，通常长5～9厘米，宽3～6毫米，先端渐窄成长尖头，基部楔形。产于中国四川、贵州、江西，广东、江苏也有栽培，作庭园树。③柱冠罗汉松。该变种与罗汉松的区别在于树冠圆柱形。叶小，矩圆状倒披针形或倒披针形，长1.3～3.5厘米，宽1～4毫米，先端钝或圆，基部楔形。产于中国浙江。

罗汉松属于中性偏阴性树种，能接受较强光照，也能在较阴的环境下生长；喜温暖湿润的气候，较耐寒。主要采用播种法、扦插法繁殖。

罗汉松

罗汉松神韵清雅挺拔，自带一股雄浑苍劲的傲人气势，有长寿、守财、吉祥寓意，是庭院和高档住宅的优良绿化树种，南方寺庙也多有种植。树形古雅，叶形独特、优雅，种子与种柄组合奇特，是制作盆景、造型树的优良材料。木材材质细致均匀，易加工，供建筑、药用和雕刻，可作家具、器具、文具及农具等，价值很高。

南洋杉科

南洋杉

南洋杉是南洋杉科南洋杉属乔木。又称猴子杉、细叶南洋杉。

南洋杉原产于澳大利亚及太平洋群岛，以及南美洲、大洋洲东南沿海地区。中国广东、福建、海南、云南、广西等地区均有栽培。

南洋杉在原产地高达 60 ～ 70 米，胸径达 1 米以上。树皮灰褐色或暗灰色，粗，横裂。大枝平展或斜伸，幼树冠尖塔形，老则成平顶状，侧生小枝密生、下垂，近羽状排列。叶二型，幼树和侧枝的叶排列疏松，开展，锥状、针状、镰状或三角状，长 7 ～ 17 毫米，基部宽约 2.5 毫米，微弯，微具四棱或上（腹）面的棱脊不明显，上面有多数气孔线，下面气孔线不整齐或近于无气孔线，上部渐窄，先端具渐尖或微急尖的尖头。大枝及花果枝上的叶排列紧密而叠盖，斜上伸展，微向上弯，卵形、三角状卵形或三角状，无明显的脊背或下面有纵脊，长6～10毫米。雄球花单生枝顶，圆柱形。球果卵形或椭圆形，长6～10厘米，径4.5～7.5厘米；苞鳞楔状倒卵形，两侧具薄翅，先端宽厚，具锐脊，中央有急尖的长尾状尖头，尖头显著向后反曲。

南洋杉常采用扦插繁殖；播种法繁殖因种皮坚实、发芽率低，故种前最好先破种皮，以促使其发芽。喜光，幼苗喜阴，喜暖湿气候，不耐干旱与寒冷。喜土壤肥沃，生长较快，萌蘖力强，抗风性强。冬季需充足阳光，夏季避免强光暴晒，不耐北方春季干燥的狂风和盛夏的烈日，在气温25～30℃、相对湿度70%以上的环境条件下生长最佳。盆栽要求疏松肥沃、腐殖质含量较高、排水透气性强的培养土。

南洋杉树形高大，呈尖塔形，枝叶茂盛，姿态优美，为世界著名庭园树之一，和雪松、日本金松、北美红杉、金钱松一起被称为世界五大公园树种。宜独植作为园景树或纪念树，亦可作行道树。宜选择无强风地点种植，以免树冠偏斜。南洋杉是珍贵的室内盆栽装饰树种，幼苗盆栽适用于一般家庭客厅、走廊、书房的点缀及作为圣诞树；也可用于布置各种形式的会场、展览厅；还可作为馈赠亲朋好友开业、乔迁之喜的礼物。同时，南洋杉材质优良，是澳大利亚及南非重要的用材树种，可供建筑、器具、家具等使用。

木兰科

广玉兰

广玉兰是木兰科木兰属常绿乔木。又称荷花玉兰。广玉兰原产于北美洲东南部。中国长江流域以南各城市有栽培。

广玉兰在原产地株高可达 30 米。树皮淡褐色或灰色，薄鳞片状开裂。小枝粗壮，具横隔的髓心。小枝、芽、叶下面、叶柄均密被褐色或灰褐色短绒毛（幼树的叶下面无毛）。叶厚革质，椭圆形、长圆状椭圆形或倒卵状椭圆形，长 10 ～ 20 厘米，宽 4 ～ 7 厘米，先端钝或短钝尖，基部楔形，叶面深绿色，有光泽，侧脉每边 8 ～ 10 条。叶柄长 1.5 ～ 4.0 厘米，无托叶痕，具深沟。花大，白色，状如荷花，芳香，直径 15 ～ 20 厘米。花被片 9 ～ 12，厚肉质，倒卵形，长 6 ～ 10 厘米，宽 5 ～ 7 厘米。雄蕊长约 2 厘米，花丝扁平，紫色，花药内向，药隔伸出成短尖。雌蕊群椭圆形，密被长绒毛。聚合果圆柱状长圆形或卵圆形，长 7 ～ 10 厘米，径 4 ～ 5 厘米，密被褐色或淡灰黄色绒毛。蓇葖背裂，背面圆，顶端外侧具长喙。种子近卵圆形或卵形，长约 14 毫米，径约 6 毫米，外种皮红色。花期 5 ～ 6 月，果期 9 ～ 10 月。

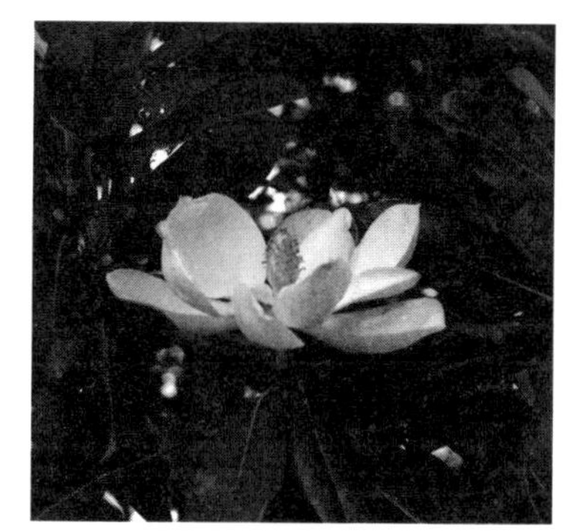

广玉兰花

广玉兰适生于湿润肥沃土壤，对二氧化硫、氯气、氟化氢等有毒气体抗性较强，也耐烟尘。可用于园林绿化。木材黄白色，材质坚重，可作装饰用材。叶、幼枝和花可提取芳香油，叶入药治高血压，种子可榨油。

木樨科

迎　春

迎春是木樨科素馨属落叶灌木。又称迎春花、金腰带。迎春原产于中国，园林中普遍栽培。

迎春枝直立，顶端弯曲下垂成拱形，小枝绿色，四棱形。三出复叶对生。花单生，先花后叶，花冠黄色，裂片6。浆果紫黑色。花期2～4月。

迎春喜光，稍耐阴。喜温暖，较耐寒。喜湿润，也耐干旱，忌水涝，对土壤的适应性强。用扦插法、压条法、分株法繁殖。根部萌蘖力强，枝条着地部分极易生根。

迎春小枝细长，呈拱垂状，枝条鲜绿，早春黄花满枝，引人注目，是中国北方常用的园林花木，可与山桃、山杏同植。花枝可用作切花材料。

丁　香

丁香是木樨科丁香属落叶灌木或小乔木的统称。

丁香全属约20种，中国产16种，以秦岭及西南地区所产种类较多。野生种多分布在山地，栽培地区则主要在北方地区。丁香是中国传统庭院花木，有关丁香花较早的文字记载见于唐代诗词。因花筒细长如钉，且花芳香而得名。

丁香植株高2～8米，叶对生，全缘或有时具裂，罕为羽状复叶。

花两性，呈顶生或侧生的圆锥花序，花色紫、淡紫或蓝紫，偶见白色。花冠细漏斗状，具深浅不同的 4 裂片。蒴果长椭圆形，室间开裂。

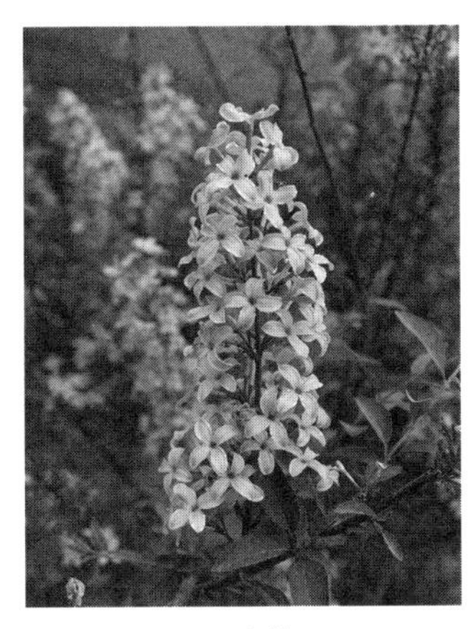
丁香花

丁香喜充足阳光，也耐半阴。适应性较强，耐寒、耐旱、耐瘠薄，病虫害较少。以排水良好、疏松的中性土壤为宜，忌酸性土，忌渍涝、湿热。对氟化氢有较强的抗性，对煤气和其他有害气体也有一定的抵抗力。以播种法、扦插法繁殖为主，也可用嫁接法、压条法和分株法繁殖。

丁香花为冷凉地区普遍栽培的花木，花序硕大、开花繁茂、花淡雅芳香，习性强健，栽培简易，适于种在庭园、居住区、医院、学校等园林绿地及风景区。可孤植、丛植或在路边、草坪、角隅、林缘成片栽植，也可与其他乔灌木尤其是常绿树种配植，个别种类可作花篱。亦可盆栽、作盆景或作切花。

金叶女贞

金叶女贞是木樨科女贞属落叶或半常绿灌木。金叶女贞分布于中国华北南部、华东、华南等地区。

金叶女贞高 2 ～ 3 米，嫩枝有短柔毛。单叶对生，叶革薄质，椭圆形或卵状椭圆形，先端尖，基部楔形，全缘，有叶柄。新叶金黄，后逐渐变为黄绿色至绿色。圆锥花序顶生，花两性，雄蕊 2，小花筒状白色，

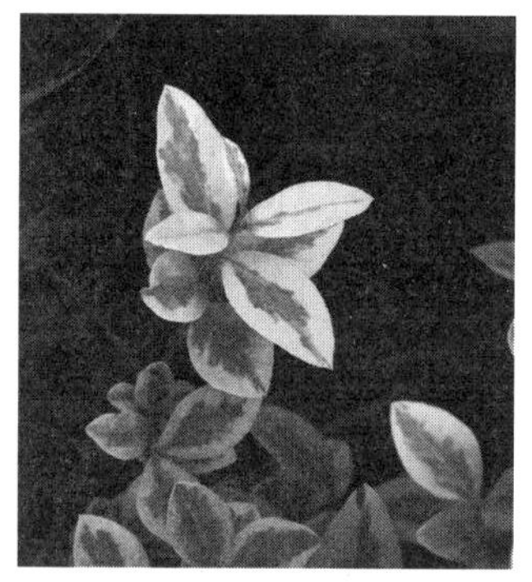
金叶女贞叶

裂片4。核果椭圆形，黑紫色。花期5～6月，果期10月。喜光，耐阴性较差，耐寒力中等，适应性强，抗旱。对土壤要求不高，以疏松肥沃、通透性良好的沙壤土为宜。萌芽力强，生长迅速，耐修剪。

金叶女贞可作为绿篱和模纹图案材料，常与紫叶小檗、黄杨、龙柏等搭配使用；也可用于绿地广场的组字和小庭院装饰。由于金叶女贞叶色金黄，花为银白色，因此有“金玉满堂”之意。

连　翘

连翘是木樨科连翘属落叶灌木。又称黄绶带、黄花杆。连翘原产于中国华北、华中和东北各省。

连翘高可达3米。干丛生，直立。枝开展，呈拱形下垂，小枝土黄色或黄褐色，皮孔明显，髓部中空。单叶或有时有三出羽状复叶，对生，叶片卵形、宽卵形或椭圆状卵形，长3～10厘米，先端渐尖，基部圆形至宽楔形，叶缘有粗齿。花单生或数朵生于叶腋，先叶开放。萼绿色，4裂。花冠黄色，4裂。蒴果表面散生疣点。

连翘花

连翘喜光，稍耐阴，耐寒，耐干旱、瘠薄，对土壤要求不严。病虫害少，易管理。采用扦插法、压条法、分株法、播种法繁殖均可，以扦插法为主。

连翘枝条拱形开展，花色金黄，早春先叶开放，鲜艳夺目。宜丛植于草坪，或于角隅、路缘、转角等处作基础种植，或作花篱。是中国北方常见的优良早春观花树种。

流苏树

流苏树是木樨科流苏树属落叶乔木。又称茶叶树、乌金子。流苏树原产于中国东部、中部和台湾地区。韩国和日本也有分布。

流苏树高可达 20 米。单叶对生，叶卵形至倒卵状椭圆形，先端钝圆或微凹，基部宽楔形或楔形，全缘或具小锯齿。圆锥花序长 3 ～ 12 厘米，花冠白色，4 深裂，裂片狭长，线状披针形，花冠筒极短。核果蓝黑色或黑色，被白粉。花期 4 ～ 5 月。

流苏树喜光，稍耐阴，较耐寒，耐旱，对土壤适应性强。生长较慢。用播种法、扦插法或嫁接法繁殖。

流苏树形优美，花形奇特，秀丽可爱，花期长，可达 20 多天。在园林中通常点缀于草地或散植于路旁，也可作庭园树和行道树，是观赏效果很好的园林树种。

菊　科

木茼蒿

木茼蒿是菊科木茼蒿属灌木。又称木春菊、法兰西菊、小牛眼菊。

木茼蒿原产于北非加那利群岛。

木茼蒿高达1米。枝条大部木质化。叶二回羽状分裂，一回为深裂或几全裂，二回为浅裂或半裂。叶柄长1.5～4厘米，有狭翼。头状花序多数，在枝端成不规则的伞房花序，有长花梗。总苞宽10～15毫米，边缘白色宽膜质。舌状花舌片长8～15毫米，长椭圆状。内轮为管状花。舌状花瘦果有3条具白色膜质宽翅形的肋，内轮两性花瘦果有1～2条具狭翅的肋，并有4～6条细间肋。冠状冠毛长0.4毫米。花果期2～10月。

木茼蒿花

在中国各地，木茼蒿常栽培于花坛、花境等园林绿化区域，也常作盆景观赏。

玄参科

蒲包花

蒲包花是蒲包花属一类栽培品种的统称。蒲包花原产于美洲的智利、秘鲁、墨西哥等地，最初由来自智利和阿根廷的3个物种杂交而来。蒲包花是一年生或多年生草本植物，同属植物约有300种。

◆ 形态与种类

蒲包花株高15～45厘米。茎柔软，茎、叶被毛。叶对生，卵形至近心形，叶缘全缘或具粗锯齿。花形奇特，状似拖鞋，具二唇花冠，小唇向前延伸，下唇膨胀呈荷包状，向下弯曲，单花直径3～4厘米。花色丰富，单色品种呈深浅不同的黄色、橙色、白色、红色，复色品种在上述颜色的底色上分布着对比色的色斑或色点。蒴果。种子细小。花期2～5月，

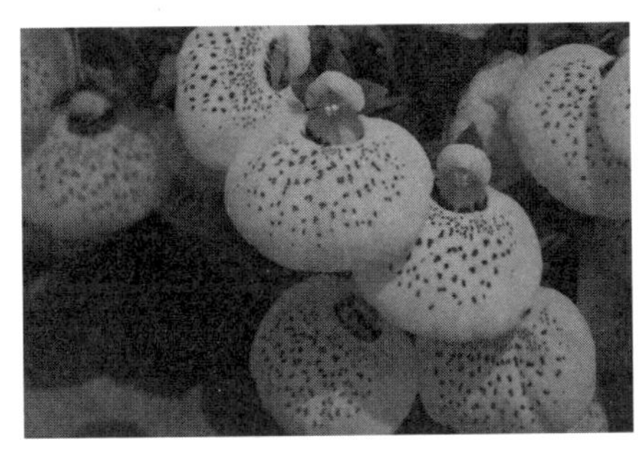

蒲包花

蒲包花主要栽培种类有：①智利蒲包花。花大，金黄色，花茎健壮。②皱叶蒲包花。多年生常绿草本，丛生，株高30～50厘米，冠径10厘米。叶圆形，皱褶，无毛，暗绿色。耐寒，生长周期较短。③帕冯蒲包花。花深黄色，花径3～4厘米。

◆ 栽培管理

蒲包花喜斑驳的明亮光线，忌强直射光。适宜生长温度为昼温13～16℃，夜温7～10℃。栽培基质以腐叶土或混合培养土为主，勤浇水以保持稍高的湿度，但不能积水，也不可使基质完全干透，同时保持良好通风。浇水和施肥从叶片基部进行，避免从植株顶部向下进行，以免花、叶腐烂。生长期每周追施一次稀释肥。花后及时剪掉残花，以利于促进开出更多的花朵。常用播种法或扦插法繁殖。常见病虫主要有灰霉病、蚜虫、白粉虱、红蜘蛛，以及由于栽培基质过湿或水分波动引起的根系或地上部分腐烂。以加强通风和定期喷施药物防治为主。

◆ 用途

蒲包花常作为盆花在花卉市场销售，家庭室内盆栽常作一年生栽培，很难复花（因为需要温室中的高湿和适宜温度环境）。蒲包花是元旦、春节重要的室内观赏盆栽花卉。

槭树科

三角枫

三角枫是槭树科槭属落叶乔木。三角枫是中国原产树种，中国长江中下游地区、黄河流域多有栽培。

三角枫高 5 ～ 10 米。树皮褐色或深褐色，粗糙。小枝细瘦，当年生枝紫色或紫绿色，近于无毛；多年生枝淡灰色或灰褐色，稀被蜡粉。冬芽小，褐色，长卵圆形，鳞片内侧被长柔毛。叶纸质，基部近于圆形或楔形，外貌椭圆形或倒卵形，长 6 ～ 10 厘米，通常浅 3 裂，裂片向前延伸，稀全缘，中央裂片三角卵形，急尖、锐尖或短渐尖；侧裂片短钝尖或甚小，以至于不发育，裂片边缘通常全缘，稀具少数锯齿；裂片间的凹缺钝尖；上面深绿色，下面黄绿色或淡绿色，被白粉，略被毛，在叶脉上较密；初生脉 3 条，稀基部叶脉也发育良好，在上面不显著，在下面显著；侧脉通常在两面都不显著。叶柄长

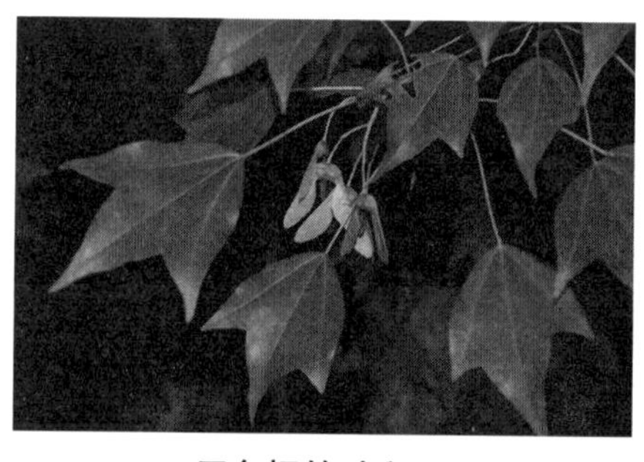

三角枫的叶和果

2.5 ～ 5 厘米，淡紫绿色，细瘦，无毛。花期 4 月，果期 8 月。

三角枫喜光，稍耐阴，喜温暖湿润气候，稍耐寒，较耐水湿，耐修剪。树系发达，根蘖性强。

三角枫秋叶暗红色或橙色。宜作庭荫树、行道树及护岸树种，也可栽作绿篱。

茜草科

栀　子

栀子是茜草科栀子属常绿灌木。又称栀子花、黄栀子。

栀子在中国主要分布于贵州、四川、江苏、浙江、安徽、江西、广东、云南、福建、台湾、湖南、湖北等地。孟加拉国、柬埔寨、老挝、泰国、越南等国也有分布。

栀子高 0.3 ～ 3 米。嫩枝常被短毛，枝圆柱形，灰色。叶对生，革质，稀为纸质，少为 3 枚轮生，叶形多样。花芳香，通常单朵生于枝顶，花梗长 3 ～ 5 毫米。浆果卵形，黄色或橙色，有翅状纵棱 5 ～ 9 条，顶部宿存萼片。花期 5 ～ 7 月，果期 5 月至翌年 2 月。有重瓣的变种大花栀子。

栀子花

栀子可采用扦插法、压条法、分株法或播种法繁殖。喜光照充足且通风良好的环境，但忌强光暴晒。宜用疏松肥沃、排水良好的酸性土壤种植。

栀子枝叶繁茂，叶色四季常绿，花芳香，是重要的庭院观赏植物和优良的芳香花卉。除观赏外，其花、果实、叶和根可入药，有泻火除烦、清热利尿、凉血解毒之功效。此外，花可作茶之香料，果实可作绘画的涂料。

龙船花

龙船花是茜草科龙船花属灌木。又称英丹、仙丹花、百日红。龙船花原产于中国南部地区和马来西亚。

龙船花高 0.8 ～ 2 米。小枝初时深褐色，老时呈灰色，具线条。叶对生，长 6 ～ 13 厘米，宽 3 ～ 4 厘米；叶柄极短且粗或无；托叶长 5 ～ 7 毫米，基部阔，合生成鞘形。花序顶生，多花，具短总花梗。总花梗长 5 ～ 15 毫米。果近球形，成熟时红黑色。花期 5 ～ 7 月。

龙船花

龙船花繁殖采用播种法、压条法、扦插法均可，但一般多用扦插法。龙船花较适合高温及日照充足的环境，喜湿润炎热的气候，不耐低温。生长适温在 23 ～ 32℃，当气温低于 20℃后，其长势减弱，开花明显减少；当温度低于 0℃时，会产生冻害。喜酸性土壤，最适合的土壤 pH 为 5 ～ 5.5。在排水良好、保肥性能好的土壤生长良好，最佳栽培土质是富含有机质的沙质壤土或腐殖质壤土。

龙船花植株低矮，花叶秀美，花色丰富，终年有花可赏，有红色、橙色、黄色、双色等园艺品种。中国南方地区露地栽植，适合庭院、宾馆、风景区布置，高低错落，花色鲜丽，景观效果极佳，是重要的盆栽木本花卉，广泛用于盆栽观赏。

蔷薇科

梅　花

梅花是蔷薇科李属落叶乔木。又称春梅、干枝梅、红绿梅。古名杋、柟。梅古字作“楳”，原字为木上有果的象形。花可观赏，果可食用（常称果梅）。

◆ 历史

梅作为观赏植物在中国已有2000年以上的栽培历史，作为果树则有3000年以上的栽培和7000年以上的加工应用历史。古代种植梅树由果梅开始，《尚书•说命》中有“若作和羹，尔惟盐梅”的记载，可知古人用梅作调味品等。在商代中叶已采梅食用。梅作为观赏植物源于汉初，初盛于南北朝，兴盛于宋、元代。宋代范成大著《梅谱》（1186）为世界第一部梅花专著。710～784年，梅作为观赏植物首次传至日本，1878年输入欧洲。1908年，有15个梅花品种由日本传到美国。20世纪，日本、朝鲜半岛等地艺梅仍较盛。欧美栽培甚少。约自20世纪70年代起，梅花开始在新西兰等少数国家作为鲜切花而受到重视。

◆ 分布

梅为中国特产的传统名花、名果。中国台湾、浙江、安徽、江西、江苏、福建、广东、广西、湖南、湖北、四川、云南、西藏、贵州、陕西等地均有野生梅，而以四川、云南、西藏为其分布中心。梅露地栽培分布于东至中国台湾台北，西起云南丽江，南达海南海口，北抵黑龙江大庆、新疆喀什等广大地区，其中台北、武汉、南京、无锡、杭州、青岛等城市多为著名的赏梅胜地。

◆ 形态特征

梅树高可达10米，最大冠幅约12米。树冠常呈不规则球形或倒卵形。干皮褐紫色，老干苍劲可观，小枝常为绿色且无毛。叶广卵形至卵形，边缘具细锐锯齿，先端长渐尖至尾尖。花先叶而放，1～2朵，多着生于一二年生枝上。核果近球形，侧面略扁，黄色或绿色，密被短柔毛，果肉黏核，梅核（内果皮）表面具蜂窝状小凹点。种子1粒。

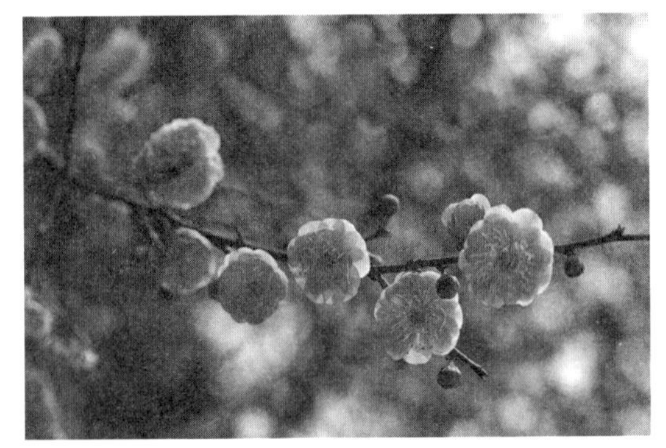

梅花

◆ 品种分类

梅的变种与变型甚多，梅花或果梅都有很多品种。梅花的观赏品种至今已逾480个，中国著名花卉专家陈俊愉按照“二元分类法”将观赏的梅花品种分为3系5类16型：①真梅系。梅之嫡系。花、果、枝、叶均较典型，又分直枝梅类、垂枝梅类和龙游梅类，共3类12型。②杏梅系。梅与杏的种间杂种，种性介乎两者之间，而枝、叶较似杏，花形也类杏，花托肿大，花期甚晚，单瓣至重瓣，无香味或微香，抗寒性较强。该系下只有杏梅类，又分为单杏型、丰后型和送春型。③樱李梅系。梅花与紫叶李的种间杂种，种性介乎两者之间，而枝、叶较似紫叶李，花形也类紫叶李，花梗长，花中心颜色较深，花期最晚，复瓣至重瓣，无香味，抗寒性较强。该系下只有樱李梅类美人梅型。

◆ 栽培繁殖

梅喜温暖稍潮湿气候，要求阳光充足、排水良好的条件。较耐寒、耐旱和耐瘠薄，对土壤要求不严，但以疏松深厚肥沃的微酸性土壤最佳。性畏涝。实生苗一般 2 ～ 4 年始花，7 ～ 8 年花、果渐盛。嫁接苗、扦插苗则一二年即始花。树龄可达数百年甚至千年以上。以嫁接繁殖为主，扦插繁殖、压条繁殖次之，播种仅在培养砧木或育种时应用。主要害虫有天牛类、梅毛虫、杏球蚧、刺蛾等，主要病害有白粉病、炭疽病等。多用杀虫剂、杀菌剂防治。

◆ 文化价值及用途

梅的树姿苍劲传神，花形端雅，花色丰富而动人，花香沁人肺腑，可谓神、姿、形、色、香俱美，为中国传统名花中的佼佼者。梅花傲雪迎霜的意象正是梅花的风骨，代表着中华民族传统的坚韧不拔和坚贞勇敢的精神。梅与松、竹相配称“岁寒三友”，梅、兰、竹、菊合称“四君子”，中国人普遍爱好。梅宜植于庭院、草坪、低山、居住区及风景区等处，孤植、丛栽或大片群植形成梅林、梅岭均可。梅花也适于盆栽或作盆景，并是插瓶等花卉装饰的好材料。果实味酸而爽口，可加工食用，还可入药。梅树木材坚韧，是雕刻及制作算盘珠的良材。

火　棘

火棘是蔷薇科火棘属常绿灌木。又称火把果、救兵粮、救军粮、救命粮、红子、赤阳子。

火棘分布于亚洲东部及欧洲南部，在中国产于陕西、河南、江苏、浙江、福建、湖北、湖南、广西、贵州、云南、四川、西藏等地。生于海拔 500 ～ 2800 米的山地、丘陵地阳坡灌丛草地及河沟路旁。

火棘高达 3 米。侧枝短，先端成刺状，嫩枝外被锈色短柔毛，老枝暗褐色，无毛。芽小，外被短柔毛。叶片倒卵形或倒卵状长圆形，长 1.5 ～ 6 厘米，宽 0.5 ～ 2 厘米，先端圆钝或微凹，有时具短尖头，基部楔形，下延连于叶柄，边缘有钝锯齿，齿尖向内弯，近基部全缘，两面皆无毛。叶柄短，无毛或嫩时有柔毛。花集成复伞房花序，直径 3 ～ 4 厘米，花梗和总花梗近于无毛，花梗长约 1 厘米。花直径约 1 厘米，萼筒钟状，无毛。萼片三角卵形，先端钝。花瓣白色，近圆形，长约 4 毫米，宽约 3 毫米。雄蕊 20，花丝长 3 ～ 4 毫米，药黄色。花柱 5，离生，与雄蕊等长，子房上部密生白色柔毛。果实近球形，直径约 5 毫米，橘红色或深红色。花期 3 ～ 5 月，果期 8 ～ 11 月。

火棘花

中国西南各省、自治区田边习见栽培火棘作绿篱。果实磨粉可作代食品。

野蔷薇

野蔷薇是蔷薇科蔷薇属落叶灌木或攀缘灌木。又称多花蔷薇。

野蔷薇原产于中国，主要分布于江苏、山东、河南等地。朝鲜半岛、日本也有分布。

野蔷薇小枝圆柱形，无毛，有短、粗稍弯的皮刺。小叶 5 ～ 9，小叶片倒卵形、长圆形或卵形，边缘有尖锐单锯齿，上面无毛，下面有柔毛。圆锥状花序，花多朵，花直径 1.5 ～ 2 厘米。花瓣白色，宽倒卵形，先端微凹，基部楔形，雄蕊多数。果近球形，直径 6 ～ 8 毫米，红褐色或紫褐色，有光泽，无毛。花期 5 ～ 6 月。

野蔷薇花

野蔷薇性强健，喜光，耐半阴，耐寒。对土壤要求不严，耐瘠薄，忌低洼积水，以肥沃、疏松的微酸性土壤为宜。在光照比较充足的环境中生长良好，在荫蔽的环境中生长不正常，开花少。常扦插繁殖或嫁接繁殖。

此种是重要的砧木资源，也是培育大型植株、蔓性、耐寒月季品种的优良种质资源。变种和变型有粉团蔷薇、七姊妹、荷花蔷薇、白玉堂、无刺野蔷薇等。品种甚多，有单瓣、半重瓣、重瓣，花色有白、粉、浅红、深桃红等色。庭园多见栽培。

月　季

月季是蔷薇科蔷薇属落叶灌木或藤本植物。又称现代月季。

月季是通过蔷薇属内种间杂交和长期选育而形成的杂交品种群。蔷薇属全世界约 200 种，中国有 95 种。中国是世界蔷薇属的分布中心，具有悠久的栽培历史。中国是月季花（月月红）、香水月季、巨花蔷薇、野蔷薇、玫瑰、光叶蔷薇及其变种的故乡。这些种质是月季的重要亲本资源。

汉武帝时宫廷花园中就盛栽蔷薇植物。月季花于北宋始见记载，并出现很多形色各异的品种，至明代栽培则更为普遍，品种更多。清代时，中国月季、蔷薇类型与品种数量之多已居世界前列。18 世纪末至 19 世纪初，中国月季、蔷薇的多种珍贵品种传入欧洲，经反复杂交，在 1867 年育成第一个杂种香水月季品种，并创造了现代月季的一个新系统，其优点主要是花大丰满、四季开花、重瓣、花色丰富、具芳香等。这一系统至今仍是现代月季的主体，名优品种很多。之后又培育出聚花月季、壮花月季等多个现代月季新系统。

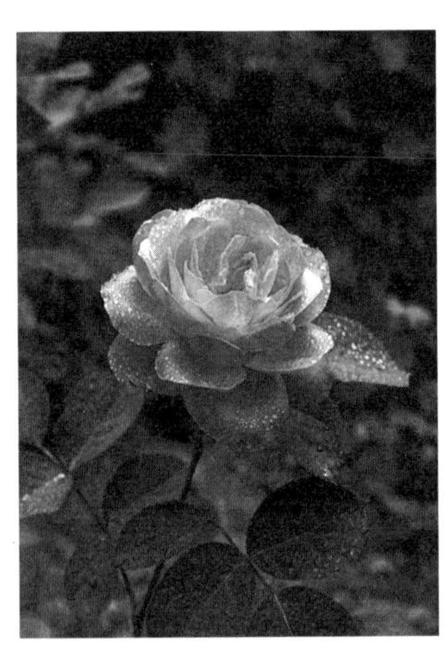

月季花

月季茎有皮刺，叶为奇数羽状复叶，小叶常 3 ～ 9 片。花单生或几朵集生成伞房花序或复伞房花序，单瓣、半重瓣或重瓣，花直径从小到大，花色丰富多样，有些品种具有香味。花瓣形状丰富，花形多样，具多季开花性。花托老熟即变为肉质的浆果状假果，称为蔷薇果，果内包含有多数瘦果。

月季喜阳光，喜肥，较耐旱，最忌积水，宜栽于背风向阳且空气流通的环境。较耐寒，能忍受 -15 ～ -10℃的低温，最适生长温度为 15 ～ 25℃。喜富含有机质、通气良好、pH 为 6.5 ～ 6.8 的微酸性土壤。生长期的相对湿度以 75% ～ 80% 为宜。常用扦插或嫁接繁殖，培育新品种时用播种繁殖。

在园艺应用方面，月季分为藤本月季、大花庭园月季、丰花月季等。月季形姿俱佳，四季开花不绝，花色丰富，花香浓郁，可种植于花坛、花境或草坪边缘，或作常绿树的前景，也常按类型、品种布置成月季园。攀缘月季可作棚架、篱笆、拱门、墙垣的装饰材料。盆栽月季及切花月季可用于室内装饰等。此外，月季花可入药，有些品种的花可食用、茶用，还可提取香精。

榆叶梅

榆叶梅是蔷薇科李属落叶灌木。又称小桃红。榆叶梅原产于中国北部，分布于黑龙江、吉林、辽宁、内蒙古、河北、山西、陕西、甘肃、山东、江西、江苏、浙江等地。中亚地区也有分布。

榆叶梅高 2 ～ 5 米。枝无刺，小枝无毛或幼时微被柔毛。单叶互生，叶宽椭圆形至倒卵形，长 2 ～ 6 厘米，先端短渐尖，常 3 裂，基部宽楔形，上面具疏柔毛或无毛，下面被柔毛，具粗锯齿或重锯齿。花 1 ～ 2 朵，先叶开放，径 2 ～ 3 厘米。花瓣近圆形或宽倒卵形，长 0.6 ～ 1.0 厘米，

榆叶梅

粉红色，生于萼筒口，覆瓦状排列。萼片及花瓣均为5。雄蕊多数，雌蕊1。萼筒宽钟形，萼片卵形或卵状披针形。核果近球形，顶端钝圆，具不整齐网纹，熟时红色，被柔毛。核果熟时干燥无汁，开裂。花期4～5月，果期5～7月。性喜光，耐寒，耐旱，对轻碱土也能适应，不耐水涝。对土壤环境要求不严格，以中性至微碱性、肥沃、疏松的土壤为宜。

榆叶梅在园林或庭院中常以苍松翠柏作背景丛植，或与连翘配植，是一种重要的园林造景树种。此外，还可作盆栽、切花或催花材料。

垂丝海棠

垂丝海棠是蔷薇科苹果属落叶小乔木。垂丝海棠分布于中国江苏、浙江、安徽、陕西、四川、云南等地。

垂丝海棠高达8米，树冠开展。小枝细弱，微弯曲，圆柱形，最初有毛，不久脱落，紫色或紫褐色。冬芽卵形，先端渐尖，无毛或仅在鳞片边缘具柔毛，紫色。叶片卵形或椭圆形至长椭卵形，长3.5～8厘米，宽2.5～4.5厘米，基部楔形至近圆形，边缘有圆钝细锯齿，中脉有时具短柔毛，其余部分均无毛，上面深绿色，有光泽并常带紫晕；叶柄长5～25毫米，幼时被稀疏柔毛，老时近于无毛；托叶小，膜质，披针形，内面有毛，早落。伞房花序，具花 4 ～ 6 朵，花梗细弱，长 2 ～ 4 厘米，下垂，有稀疏柔毛，紫色；花直径 3 ～ 3.5 厘米；萼筒外面无毛；萼片三角卵形，长 3 ～ 5 毫米，先端钝，全缘，外面无毛，内面密被绒毛，与萼筒等长或稍短；花瓣倒卵形，长约 1.5 厘米，基部有短爪，粉红色，常在 5 瓣以上；雄蕊 20 ～ 25，花丝长短不齐，约等于花瓣之半；花柱 4 或 5，较雄蕊为长，基部有长绒毛，顶花有时缺少雌蕊。果实梨形或倒卵形，直径 6 ～ 8 毫米，略带紫色，成熟很迟，萼片脱落；果梗长 2 ～ 5 厘米。花期 3 ～ 4 月，果期 9 ～ 10 月。

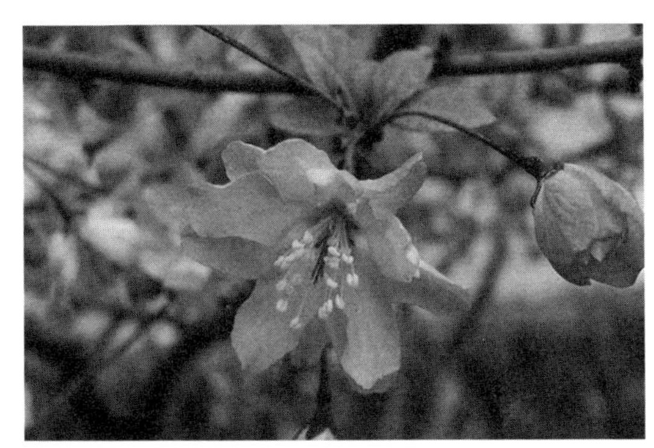

垂丝海棠花

垂丝海棠可播种繁殖，也可嫁接繁殖。适应性强，喜光，也耐半阴。

早春期间，垂丝海棠嫩枝、嫩叶均带紫红色，花粉红色，下垂，甚为美丽，各地常见栽培供观赏用。有重瓣、白花等变种。秋季赏果，果可食用。

西府海棠

西府海棠是蔷薇科苹果属落叶小乔木。又称海红、子母海棠。

西府海棠原产于中国，主要分布于辽宁、河北、山西、山东、陕西、甘肃、云南和内蒙古等地。可能为海棠果和山定子的自然杂种。

西府海棠高达 2 ～ 8 米，树冠自然半圆形，树枝直立性强。小枝细弱圆柱形，嫩时被短柔毛，老时脱落，紫红色或暗褐色，具稀疏皮孔。冬芽卵形，先端急尖，无毛或仅边缘有绒毛，暗紫色。叶片长椭圆形或椭圆形，长 5 ～ 10 厘米，宽 2.5 ～ 5 厘米，先端急尖或渐尖，基部楔形稀近圆形，边缘有尖锐锯齿，嫩叶被短柔毛，下面较密，老时脱落；叶柄长 2 ～ 3.5 厘米；托叶膜质，线状披针形，先端渐尖，边缘有疏生腺齿，近于无毛，早落。伞形总状花序，有小花 4 ～ 7 朵，集生于小枝顶端，花梗长 2 ～ 3 厘米，嫩时被长柔毛，逐渐脱落；苞片膜质，线状披针形，早落；花直径约 4 厘米；萼筒外面密被白色长绒毛；萼片三角卵形，三角披针形至长卵形，先端急尖或渐尖，全缘，长 5 ～ 8 毫米，内面被白色绒毛，外面较稀疏，萼片与萼筒等长或稍长；花瓣近圆形或长椭圆形，长约 1.5 厘米，基部有短爪，白色或粉红色；雄蕊 20 ～ 28 枚，花丝长短不等，比花瓣稍短；花柱 5，基部具绒毛，约与雄蕊等长。果实近球形，直径 1 ～ 1.5 厘米，红色，萼洼、梗洼均下陷，萼片多数脱落，少数宿存。花期 4 ～ 5 月，果期 8 ～ 10 月。

西府海棠花

西府海棠可播种繁殖、分株繁殖和嫁接繁殖。适应性广，抗逆性强，对立地条件要求不严。

西府海棠是常见栽培的果树及观赏树，树姿直立，花朵密集。果味酸甜，可供鲜食及加工用。栽培品种很多，果实形状、大小、颜色和成熟期均有差别，因此有热花红、冷花红、铁花红、紫海棠、红海棠、老海红、八棱海棠等名称。华北有些地区用作苹果或花红的砧木，生长良好。

贴梗海棠

贴梗海棠是蔷薇科木瓜属落叶灌木。又称木瓜、皱皮木瓜。

贴梗海棠在中国分布于陕西、甘肃、四川、贵州、云南、广东等地。缅甸也有分布。

贴梗海棠高达 1 ～ 2 米。枝条直立开展，有刺；小枝圆柱形，微屈曲，无毛，紫褐色或黑褐色，有疏生浅褐色皮孔。冬芽三角卵形，先端急尖，近于无毛或在鳞片边缘具短柔毛，紫褐色。叶片卵形至椭圆形，稀长椭圆形，长 3 ～ 9 厘米，宽 1.5 ～ 5 厘米，先端急尖稀圆钝，基部楔形至宽楔形，边缘具有尖锐锯齿，齿尖开展，无毛或在萌蘖上沿下面叶脉有短柔毛；叶柄长约 1 厘米；托叶大形，草质，肾形或半圆形，稀卵形，长 5 ～ 10 毫米，宽 12 ～ 20 毫米，边缘有尖锐重锯齿，无毛。花先叶开放，3 ～ 5 朵簇生于二年生老枝上；花梗短粗，长约 3 毫米或近于无柄；花直径 3 ～ 5 厘米；萼筒钟状，外面无毛；萼片直立，半圆形或稀卵形，长 3 ～ 4 毫米，宽 4 ～ 5 毫米，长约萼筒之半，先端圆钝，全缘或有波状齿；花瓣倒卵形或近圆形，基部延伸成短爪，长 10 ～ 15 毫米，宽 8 ～ 13 毫米，猩红色、稀淡红色或白色；雄蕊 45 ～ 50 枚，长约花瓣之半；花柱 5，基部合生，无毛或稍有毛，柱头头状，有不明显分裂，约与雄蕊等长。果实球形或卵球形，直径 4 ～ 6 厘米，黄色或带黄绿色，有稀疏不明显斑点，味芳香；萼片脱落，果梗短或近于无梗。花期 3 ～ 5

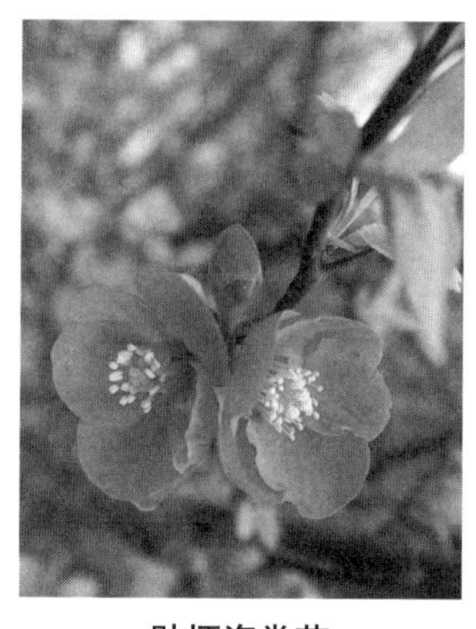
贴梗海棠花

月，果期9～10月。

贴梗海棠可播种繁殖、扦插繁殖和压条繁殖。适应性强，喜光，也耐半阴、耐寒、耐旱。对土壤要求不严。

贴梗海棠有大红、粉红、乳白等花色，且有重瓣及半重瓣品种。早春先花后叶，非常美丽。枝密多刺，可作绿篱。果实含苹果酸、酒石酸、枸橼酸及维生素等，干制后入药，有祛风、舒筋、活络、镇痛、消肿、顺气之效。

桃

桃是蔷薇科李属落叶小乔木。桃原产于中国，各地广泛栽培。世界各地均有栽植。

桃树高3～8米。树冠宽广而平展。树皮暗红褐色，老时粗糙呈鳞片状。小枝细长，无毛，有光泽，绿色，向阳处转变成红色，皮孔较多。冬芽圆锥形，顶端钝，外被短柔毛，常2～3个簇生，中间为叶芽，两侧为花芽。叶片长圆披针形、椭圆披针形或倒卵状披针形，长7～15厘米，宽2～3.5厘米，先端渐尖，基部宽楔形，上面无毛，下面在脉腋间具少数短柔毛或无毛，叶边具细锯齿或粗锯齿，齿端具腺体或无腺体。叶柄粗壮，长1～2厘米，常具1至数枚腺体，有时无腺体。花单生，先于叶开放，直径2.5～3.5厘米；花梗极短或几无梗；萼筒钟形，被短柔毛，绿色而具红色斑点；萼片卵形至长圆形，顶端圆钝，外被短柔毛；

花瓣长圆状椭圆形至宽倒卵形，粉红色，罕为白色；雄蕊 20 ～ 30，花药绯红色；花柱几与雄蕊等长或稍短；子房被短柔毛。果实形状和大小均有变异，卵形、宽椭圆形或扁圆形，直径 3 ～ 12 厘米，长几与宽相等，色泽变化由淡绿白色至橙黄色，常在向阳面具红晕，外面密被短柔毛，稀无毛，腹缝明显，果梗短而深入果洼。果肉白色、浅绿白色、黄色、橙黄色或红色，多汁有香味，甜或酸甜。核大，离核或黏核，椭圆形或近圆形，两侧扁平，顶端渐尖，表面具纵、横沟纹和孔穴。种仁味苦，稀味甜。花期 3 ～ 4 月，果实成熟期因品种而异，通常为 6 ～ 9 月。

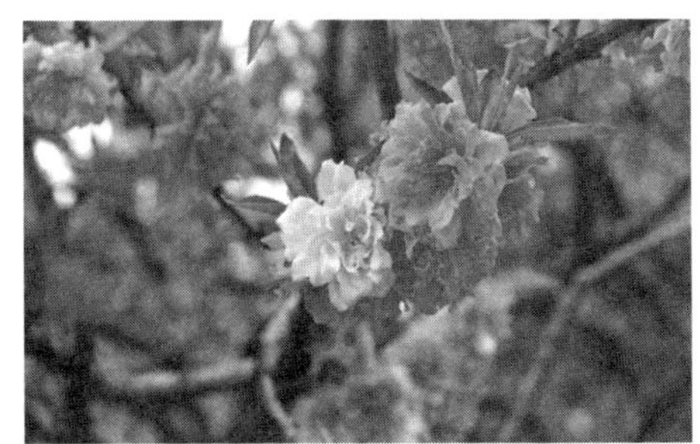

桃花

桃树可播种繁殖、嫁接繁殖。喜光，喜温暖，喜肥沃而排水良好的土壤。不耐水涝。

樱　花

樱花是蔷薇科李属樱亚属观花树木的统称。

樱花广泛分布于北半球的温带与亚热带地区，亚洲、欧洲、北美洲均有分布，但主要集中在东亚地区。中国西部、西南部及日本、朝鲜一带集中了世界樱亚属植物的大部分种类。同亚属植物全世界有 150 多种，中国拥有该亚属植物 44 种。樱花在中国栽培观赏已久。据《广群芳谱》记载，晋朝时，宫廷中已有樱花树栽植；中晚唐时，樱花已成为重要的观赏花木，开始普遍作为歌咏对象出现在诗文中。

◆ 形态特征

樱花为落叶乔木。树皮灰或黑褐色、棕色，具皮孔，皮横裂或纵裂。叶柄有腺点，叶卵形、卵状椭圆形、矩圆形，叶缘常具锯齿。花先叶开放或与叶同时开放，数朵花形成伞形、伞房或短总状花序，花白色、粉红色、红色、绿色或黄色，花期 2 ～ 5 月。核果成熟时肉质多汁，红色、紫红色或黑色，不开裂；核球形或卵球形，表面平滑或有棱纹。

◆ 种类

樱花种类繁多，根据花期不同（以当地东京樱花为参照），可分为早樱、中樱、晚樱；根据花瓣数量不同，可分为单瓣（5 ～ 10 瓣）、半重瓣（11 ～ 20 瓣）、重瓣（21 ～ 50 瓣）、菊瓣（51 瓣以上）；根据花色不同，可分为白色、红色、粉红色、深红色、黄色、绿色等。中国樱花主要栽培品种为东京樱花（染井吉野）、关山樱、寒绯樱、椿寒樱、阳光樱、八重红枝垂、云南冬樱花、山樱花、迎春樱、尾叶樱、初美人、福建山樱花、河津樱、普贤象、松前红绯衣、郁金等。樱花在日本栽培较为普遍，品种有 300 多个。

樱花

◆ 繁殖与栽培

樱花繁殖主要采用播种、扦插、嫁接、压条等方法。砧木可采用播种繁殖或压条繁殖，栽培品种需要嫁接繁殖，嫁接砧木可用山樱花、寒绯樱、华中樱、尾叶樱、草樱等。樱花喜光，根系浅，不耐涝，喜深厚肥沃且排水良好的土壤。

◆ 用途

樱花是早春著名的观花树种，早春伊始，繁花竞放，轻盈娇艳，如云似霞，引人入胜。宜成片群植，也可丛植于草坪、林缘、路旁、溪边、坡地等处，或在居住区、公园道路两侧列植形成夹道景观。中国福建、云南等地将寒绯樱或高盆樱种植在茶园内形成绿茶红樱的绯红景观，尤为壮观。

麦　李

麦李是蔷薇科李属落叶灌木。麦李分布于中国中部、南部及北部地区。日本也有分布。

麦李高约 2 米。小枝无毛，嫩枝被柔毛。腋芽 3，中间者为叶芽，两侧为花芽。单叶互生，叶片卵状长椭圆形至椭圆状披针形，中部或近中部最宽，长 5 ～ 8 厘米，叶端急尖，基部广楔形，有细钝重锯齿，两面无毛或中脉有疏柔毛。花粉红或近白色，单生或 2 朵簇生，花叶同放或近同放。萼片及花瓣均为 5。雄蕊多数，雌蕊 1，花柱基部无毛或被疏柔毛。萼筒钟状，长宽近相等，无毛。核果熟时

麦李花

红或紫红色，近球形，肉质多汁，不裂。花期 3 ～ 4 月，果期 5 ～ 8 月。

麦李喜光，在光照不足处多生长不良，有一定耐寒性，北京可露地栽培过冬。喜湿润而耐干旱，忌积水。对土壤要求不严，在轻黏土、素沙土中均能正常生长，但以沙壤土为好，有一定的耐盐碱力。宜于草坪、路边、假山旁及林缘丛栽，也可作基础种植、盆栽或催花、切花材料。

陕梅杏

陕梅杏是蔷薇科李属植物。陕梅杏由辽宁省果树研究所于 1983 年在中国陕西省眉县发现。

陕梅杏树冠丛状形，树姿直立。叶片圆形，基部宽楔形，先端急尖，叶缘单锯齿。重瓣花，每朵花花瓣 70 余枚，花萼紫红色，花瓣粉红色。不易结果。4 月下旬开花，4 月末至 5 月初盛花，花期 10 天。

陕梅杏花大、花瓣多，在中国北方地区可作“梅花”栽培。

绣线菊

绣线菊是蔷薇科绣线菊属落叶直立灌木。

在中国，绣线菊产于黑龙江、吉林、辽宁、内蒙古、河北等地。蒙古、日本、朝鲜以及俄罗斯西伯利亚地区、欧洲东南部均有分布。生长于海拔 200 ～ 900 米的河流沿岸、空旷地和山沟中。

绣线菊高 1 ～ 5 米。枝条密集，小枝稍有棱角，黄褐色，嫩枝具短柔毛，老时脱落。冬芽卵形或长圆卵形，先端急尖，有数个褐色外露鳞片，外被稀疏细短柔毛。叶片长圆披针形至披针形，长 4 ～ 8 厘米，宽

1 ～ 2.5 厘米，先端急尖或渐尖，基部楔形，边缘密生锐锯齿，有时为重锯齿，两面无毛；叶柄长 1 ～ 5 毫米，无毛。花序为长圆形或金字塔形的圆锥花序，长 6 ～ 13 厘米，直径 3 ～ 5 厘米，被细短柔毛，花朵密集；花梗长 4 ～ 7 毫米；苞片披针形至线状披针形，全缘或有少数锯齿，微被细短柔毛；花直径 5 ～ 7 毫米；萼筒钟状；萼片三角形，内面微被短柔毛；花瓣卵形，先端通常圆钝，长 2 ～ 3 毫米，宽 2 ～ 2.5 毫米，粉红色；雄蕊 50 枚，约长于花瓣 2 倍；花盘圆环形，裂片呈细圆锯齿状；子房有稀疏短柔毛，花柱短于雄蕊。蓇葖果直立，无毛或沿腹缝有短柔毛，花柱顶生，倾斜开展，常具反折萼片，宿存。花期 6 ～ 8 月，果期 8 ～ 9 月。

绣线菊花

绣线菊可播种繁殖、扦插繁殖或分株繁殖。喜光、怕涝，耐修剪。绣线菊夏季盛开粉红色花朵，花朵鲜艳，栽培供观赏用。亦为蜜源植物。

苋　科

千日红

千日红是苋科千日红属一年生直立草本植物。又称百日红、火球花。千日红原产于美洲热带地区。中国各地均有栽培。

千日红高 20 ～ 60 厘米。茎有分枝，略呈四棱形，有灰色糙毛，幼时更密，节部稍膨大。叶片纸质，长椭圆形或矩圆状倒卵形，长 3.5 ～ 13 厘米，宽 1.5 ～ 5 厘米，顶端急尖、圆钝或凸尖，基部渐狭，边缘波状，两面有小斑点、白色长柔毛及缘毛。叶柄长 1 ～ 1.5 厘米，有灰色长柔毛。花多数，密生，成顶生球形或矩圆形头状花序，单个或 2 ～ 3 个，直径 2 ～ 2.5 厘米，常为紫红色，有时为淡紫色、白色或黄色等。总苞为 2 片绿色对生叶状苞片，卵形或心形，长 1.0 ～ 1.5 厘米，两面有灰色长柔毛。苞片卵形，长 3 ～ 5 毫米，白色，顶端紫红色。小苞片三角状披针形，长 1.0 ～ 1.2 厘米，紫红色，内面凹陷，顶端渐尖，背棱有细锯齿缘。花被片披针形，长 5 ～ 6 毫米，不展开，顶端渐尖，外面密生白色绵毛，花期后不变硬。雄蕊花丝连合成管状，顶端 5 浅裂，花药生在裂片内面，微伸出。花柱条形，比雄蕊管短，柱头 2，叉状分枝。胞果近球形，直径 2 ～ 2.5 毫米。种子肾形，棕色，光亮。花果期 6 ～ 9 月。

千日红花

千日红头状花序经久不变，观赏价值高，除用于花坛及盆景外，还可作组合式盆栽、花篮等装饰品。花序亦可入药，有止咳定喘、平肝明目的功效，主治支气管哮喘，急、慢性支气管炎，百日咳，肺结核咯血等症。

忍冬科

金银花

金银花是忍冬科忍冬属多年生半常绿缠绕藤本或匍匐灌木。又称忍冬、金银藤、银藤、二色花藤、二宝藤、二花等。以其干燥花蕾入药，药材名金银花。

金银花在中国各地均有分布。商品药材主要源于栽培品种，主要栽培产区为河南、山东、河北等地。以河南的“南银花”或“密银花”和山东的“东银花”或“济银花”产量最高，品质也最佳。朝鲜和日本也有分布。

◆ 形态特征

金银花幼枝红褐色，密被黄褐色、开展的硬直糙毛、腺毛和短柔毛，下部常无毛。小枝细长，中空，藤为褐色至赤褐色。卵形叶子对生，枝叶均密生柔毛和腺毛。夏季开花，苞片叶状，唇形花，有淡香，外面有柔毛和腺毛；雄蕊和花柱均伸出花冠；花成对生于叶腋；花色初为白色，渐变为黄色，黄白相映。球形浆果。花期 4 ～ 6 月，果熟期 10 ～ 11 月。

◆ 生长习性

金银花适应性很强，喜阳、耐阴，耐寒性强，对土壤要求不严，但以湿润、肥沃的深厚沙质壤上生长最佳。每年春夏两次发梢。根系发达，萌蘖性强，茎蔓着地即能生根。野生于山坡灌丛或疏林中、路旁及村庄篱笆边。全生育期约 220 天，根系以 4 月上旬至 8 月下旬生长最快。气温 5℃以上均可发芽，最适温度 20 ～ 30℃；孕蕾开花期，花芽分化适温为15℃，16℃以上新梢生长迅速并开始孕育花蕾，20℃左右花蕾生长发育良好。5月初现蕾，11月上、中旬，霜降后，部分叶子枯落，进入越冬阶段。

◆ 繁殖方法

金银花繁殖主要以扦插育苗为主，也可压条繁殖。

扦插繁殖

①扦插时期。应于春、夏、秋季进行，春季宜在新芽萌发前，秋季于9月初至10月中旬。长江以南宜在夏季6～7月高温多湿的梅雨季节进行。②选取插条。宜选择1～2年生健壮、充实的枝条，截成长30厘米左右的插条，每根至少有3个节位。然后，摘去下部叶片，留上部3～4叶。将下端近节处削成平滑的斜面，每100根扎成1捆。下端快速浸蘸生根剂溶液，稍晾干后立即扦插。③扦插育苗。在整平耙细的插床上，在畦面上按行距20厘米，株距3～5厘米打孔，然后将插条的2/3斜插于孔内，压实按紧，随即浇1次水。若在早春低温时扦播，插床上要搭塑料薄膜弓形棚。成活后随即拆除进行苗期管理。

压条繁殖

在7月中、下旬的伏雨季节，选有较多的长果枝或徒长枝蔓，将植株周围土壤锄松，而后把枝条弯成弓形，将弓背埋入下面掘松的土壤中，并压实防止从土壤中拔起。压蔓深达10厘米左右，枝蔓顶端应露出地面。待根系发育完整，便可用手剪从母条弯入土内的母体一侧剪离，移植。

◆ 栽培管理

金银花栽培管理要点有：①选地与整地。选择便于管理，利于灌溉、排水，通风效果优良的地块。深翻 30 ～ 40 厘米，整平，耕翻前施农家肥3000千克/亩。②移栽。与早春萌发前或秋冬季休眠期进行，在整好的栽植地上，按行距 130 厘米，株距 100 厘米挖穴，宽深各 30 ～ 40 厘米，把足量的基肥与底土拌匀，每穴栽壮苗1株，填细土压实，浇透定根水。③田间管理。及时进行中耕除草，松土透气。在秋季落叶后到春季发芽前进行整形修剪，一般是旺枝轻剪，弱枝强剪，枝枝都剪，剪枝时要注意新枝长出后要有利通风透光。结合剪枝进行整形，整体有良好的立体结构，主次分明，充分利用空间，增加枝叶量，使株型更加合理，并且能明显地增花高产。摘花后再剪，去掉细弱枝与基生枝有利于新花的形成。结合松土除草，每年早春萌芽后和每次采收花蕾后都应进行追肥，以有机肥或硫酸铵、尿素等为主。培土是一项重要的高产技术措施，一般结合除草向根部培土。注意好干旱时的浇水和多雨时的排水。④病虫害。褐斑病为叶部常见病害，造成植株长势衰弱。多在生长后期发病，发病初期在叶上形成褐色小点，后扩大成褐色圆病斑或不规则病斑。病斑背面生有灰黑色霉状物，发病重时，能使叶片脱落。防治方法：剪除病叶或药剂进行防治。白粉病在发病初期，叶片上产生白色小点，后逐渐扩大成白色粉斑，继续扩展布满全叶，造成叶片发黄，皱缩变形，最后引起落花、落叶、枝条干枯。防治方法：清园处理病残株；发生期用抗菌剂或生物制剂防治。蚜虫主要为害叶片、嫩枝，引起

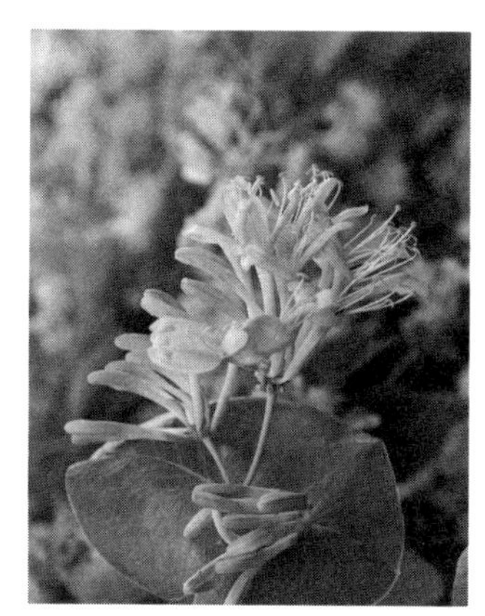

金银花

叶片和花蕾卷曲，生长停止。可用杀虫剂防治。尺蠖幼虫蚕食叶片，引起减产。防治方法：入春后，在植株周围 1 米内挖土灭蛹或发生初期用杀虫剂防治。

◆ 采收加工

采收

花朵基部呈现青绿色，顶部乳白色，花蕾色泽鲜艳，富有光亮，含苞待放。采摘时间性很强，选择晴天清晨和上午，先外后内、先下后上进行采摘，轻采轻放。一般在 5 月下旬、6 月上旬采摘第 1 茬花，1 个月后陆续采摘第 2、3 茬。采收期一般在 5 ～ 9 月。

加工

晾晒法

将采摘的新鲜金银花均匀铺撒在水泥地、石板、晒盘上进行自然干燥，干燥温度不宜超过 40℃，尽量减少翻动次数，避免长时间堆积。该法简便易行，且晾晒过程中金银花翻动后易变黑，所得干品质量差。

阴干法

将新鲜的金银花置于干燥洁净的阴凉处，利用流通的空气促进水分的蒸发从而达到干燥目的，注意阴干时鲜品应薄摊，切忌随意翻动，阴干所需时间长、干燥条件不易控制。

人工烘房烘干

将新鲜的金银花置于人工烘房内进行干燥。烘干时不同的时间段需要控制不同的烘干温度，一般先在约 30℃低温 3 小时后升温至 40℃，3 小时后再逐步升温至 55℃，不得超过 60℃，中途不得翻动、停烘。

杀青烘干

在烘干前用高温蒸汽处理 3 ～ 5 分钟，对金银花进行杀青。杀青后将鲜花铺于筛网上进行烘干。

◆ **药用价值**

金银花味甘，性寒。入肺、心、胃经。具有清热解毒，疏散风热。用于痈肿疔疮，喉痹，丹毒，热毒血痢，风热感冒，温病发热。内含有绿原酸、木犀草素等化学成分。

鞑靼忍冬

鞑靼忍冬是忍冬科忍冬属落叶灌木。又称新疆忍冬。鞑靼忍冬分布于中国新疆北部，黑龙江和辽宁等地有栽培。

鞑靼忍冬高 3 米，全体近无毛。小枝中空，老枝皮灰白色。冬芽小，鳞片约 4 对。单叶对生，叶纸质，卵形或卵状矩圆形，有时矩圆形，长 2 ～ 5 厘米，顶端尖，稀渐尖或钝形，基部圆形或近心形，稀阔楔形，两侧常稍不对称，边缘有短糙毛，两面无毛，全缘。叶柄长 2 ～ 5 毫米。花通常成对着生，总花梗较细，长 1 ～ 2 厘米。苞片条状披针形或条状倒披针形，与萼筒近等长或较短。小苞片分离，近圆形至卵状矩圆形，长为萼筒的 1/3 ～ 1/2。相邻两花的萼筒分离，长约

鞑靼忍冬花

2毫米。花冠唇形，粉红色或白色，长约1.5厘米，筒比唇瓣短，长5～6毫米，基部常有浅囊，上唇两侧裂深达唇瓣基部，开展，中裂较浅。雄蕊5枚，和花柱均稍短于花冠。花柱被短柔毛。浆果红色，圆形，直径5～6毫米，双果之一常不发育。花期5～6月，果熟期7～8月。

鞑靼忍冬抗旱、抗寒，对土壤要求不严，耐瘠薄，耐修剪。生于石质山坡或山沟的林缘和灌丛中，海拔900～1600米处。花美叶秀，可栽植于庭园观赏，适合布置庭园夏景；或用来点缀草坪、岩石及假山，配植于庭中堂前，墙下窗前；也可作为厂矿绿化树种。

海仙花

海仙花是忍冬科锦带花属落叶灌木。又称朝鲜锦带花。海仙花原产于日本。中国华东及华北等地常见栽培。

海仙花小枝粗壮，黄褐色或褐色，光滑或疏被柔毛。叶片广椭圆形或椭圆形至倒卵形，长8～12厘米，宽2.5～5.0厘米，先端突尖或尾尖，基部阔楔形，边缘具细钝锯齿。叶面绿色，中脉疏被平贴毛，背面淡绿色，沿中脉及侧脉被平贴毛，侧脉每边4～6条。叶柄长5～10毫米，边缘被平贴毛。聚伞花序数个生于短枝叶腋或顶端。萼筒长柱形，长达1.5厘米，花萼裂片5，狭线形，长约8毫米，基部完全分离。

海仙花

花冠大而色艳，初淡红色，后变深红色或带紫色，长 2.5 ～ 4.0 厘米，漏斗状钟形，基部 1/3 以下骤然变狭。子房光滑无毛。蒴果长 1.5 ～ 1.7 厘米，顶有短柄状喙，无毛。种子微小而多数，无翅。花期 4 ～ 5 月，果期 8 ～ 10 月。株高约 1 米。

海仙花性喜光，稍耐阴，有一定耐寒力，在北京以南可露地越冬。对土壤要求不严，能耐贫瘠，在土层深厚、肥沃、湿润的地方生长更好。怕水涝，生长快，萌芽力强，但耐旱性和耐寒性均不如锦带花。

金银忍冬

金银忍冬是忍冬科忍冬属植物。又称金银木。金银忍冬原产于朝鲜、日本以及俄罗斯远东地区和中国东北、华北至西南地区。

金银忍冬株高达 6 米，幼枝、叶两面脉上、叶柄、苞片、小苞片及萼檐外面都被短柔毛和微腺毛。叶纸质，形状变化较大，通常卵状椭圆形至卵状披针形，稀矩圆状披针形或倒卵状矩圆形，长 5 ～ 8 厘米，顶端渐尖或长渐尖，基部宽楔形至圆形；叶柄长 2 ～ 5 毫米。花芳香，生于幼枝叶腋，总花梗长 1 ～ 2 毫米，短于叶柄；花冠先白色后变黄色，长 1 ～ 2 厘米，外被短伏毛或无毛，唇形，筒长约为唇瓣的 1/2，内被柔毛；雄蕊与花柱长约达花冠的 2/3，花丝中部以

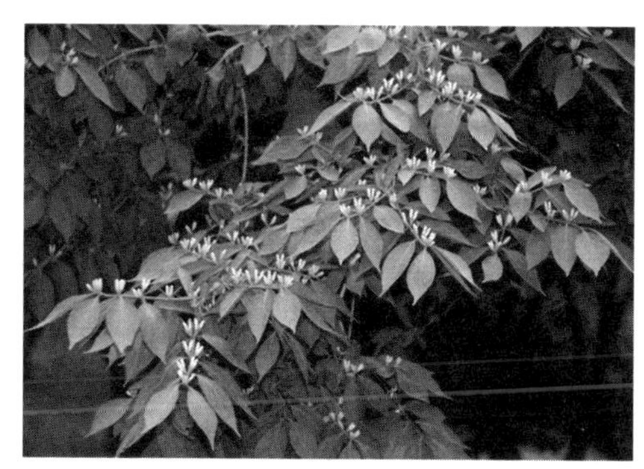
金银忍冬

下和花柱均有向上的柔毛。果实暗红色，圆形，直径 5 ～ 6 毫米。种子具蜂窝状微小浅凹点。花期 5 ～ 6 月，果熟期 8 ～ 10 月。

金银忍冬性喜强光，稍耐旱。喜温暖，耐寒性强，在中国北方绝大多数地区可露地越冬，适植于庭院及道路。可通过播种或扦插方式繁殖。春季可以播种繁殖，夏季可以采用当年生半木质化枝条进行嫩枝扦插繁殖，也可以在秋季选取一年生健壮饱满的枝条进行硬枝扦插繁殖。

六道木

六道木是忍冬科六道木属落叶灌木。六道木分布于中国黄河以北的辽宁、河北、山西等省。

六道木株高可达 3 米。幼枝被倒生硬毛，老枝无毛。叶片矩圆形至矩圆状披针形，长 2 ～ 6 厘米，宽 0.5 ～ 2 厘米，顶端尖至渐尖，基部钝至渐狭成楔形，上面深绿色，下面绿白色，边缘有睫毛；叶柄被硬毛。花单生于小枝上叶腋，无总花梗，花梗被硬毛；小苞片三齿状，花后不落；萼筒圆柱形，疏生短硬毛，萼齿狭椭圆形或倒卵状矩圆形，花冠白色、淡黄色或带浅红色，裂片圆形，花药长卵圆形。果实具硬毛，种子圆柱形。早春开花，8 ～ 9 月结果。

六道木花

六道木可通过播种方式繁殖。喜光照充足的环境，稍耐阴。茎枝叶繁茂，幼枝纤细微垂，叶密集鲜绿。耐修剪，是优良的灌木。六道木花期较长，观赏价值高，可单植、丛植、片植，也可作为花篱植物，也可作观叶、观花盆栽。

琼 花

琼花是忍冬科荚蒾属落叶或半常绿灌木。又称聚八仙、扬州琼花。

琼花分布于中国江苏南部、安徽西部、浙江、江西西北部、湖北西部及湖南南部。生于丘陵、山坡林下或灌丛中。花序全部为不孕花者为雪球荚蒾，亦十分美观。

琼花株高达 4 米。树皮灰褐色或灰白色。芽、幼枝、叶柄及花序均密被灰白色或黄白色簇状短毛，后渐变无毛。叶临冬至翌年春季逐渐落尽，纸质，卵形至椭圆形或卵状矩圆形。聚伞花序仅周围具 7～9 朵大型的不孕花，花冠直径 3～4.2 厘米，裂片倒卵形或近圆形，顶端常凹缺。果实红色而后变黑色，椭圆形，长约 12 毫米。核扁，矩圆形至宽椭圆形，长 10～12 毫米，直径 6～8 毫米，有 2 条浅背沟和 3 条浅腹沟。花期 4 月，果熟期 9～10 月。

琼花

琼花性喜温暖、湿润、阳光充足的气候，喜光，稍耐阴，较耐寒，不耐干旱和积水。喜湿润、肥沃、排水良好的沙质壤土。可通过播种法、扦插法、压条法或嫁接法繁殖。

琼花树姿优美，花形奇特，春可观花，秋可观果，为传统名贵花木。适宜配植于堂前、亭际、墙下及窗外等处。

蝟　实

蝟实是忍冬科蝟实属直立灌木。

蝟实为中国特有种，天然分布于山西、陕西、甘肃、河南、湖北及安徽等地，生长于海拔 350 ～ 1340 米的山坡、路边和灌丛中。华北、华中地区有栽培。

蝟实多分枝，株高可达 3 米。叶椭圆形至卵状椭圆形，长 3 ～ 8 厘米，宽 1.5 ～ 2.5 厘米，叶片上面深绿色，两面散生短毛。伞房状聚伞花序，具长 1 ～ 1.5 厘米的总花梗，花梗几乎不存在。苞片披针形，花冠淡红色，花药宽椭圆形。花柱有软毛，果实密被黄色刺刚毛，顶端伸长如角，冠以宿存的萼齿，果实黄色。花期 5 ～ 6 月，果熟期 8 ～ 9 月。

蝟实花

蝟实喜光照充足的环境，稍耐阴，但过阴则生长细弱，不能正常开花结实。耐寒、耐旱、耐瘠薄，在土层薄、岩石裸露的阳坡亦能正常生长，不喜过湿、积水的环境。繁殖方式以播种繁殖和扦插繁殖为主。

猬实株型紧凑，树干丛生，株丛姿态优美。花朵繁密，花色艳丽，花期较长，花序紧凑，盛开时满树粉红，且管理粗放，抗逆性强，可广泛用于中国长江以北多种场合的绿化和美化。夏秋全树挂满形如刺猬的小果，十分别致。猬实于园林中群植、孤植、丛植均美，既可作为孤植树栽植于房前屋后、庭院角隅，也可组团式栽植于草坪、山石旁、水池边或坡地。

桑 科

薜 荔

薜荔是桑科榕属常绿藤木或匍匐灌木。又称广东王不留行。

薜荔分布于中国福建、江西、浙江、安徽、江苏、台湾、湖南、广东、广西、贵州、云南东南部、四川及陕西等地。

薜荔借气根攀缘，含乳汁。小枝有褐色绒毛。单叶互生，叶两型。不结果枝节上生不定根，叶卵状心形，长约 2.5 厘米，薄革质，基部稍不对称，尖端渐尖，叶柄很短。结果枝上无不定根，革质，卵状椭圆形，长 4 ～ 10 厘米，宽 2.0 ～ 3.5 厘米，先端急尖至钝形，基部圆形至浅心形。全缘，上面无毛，背面被黄褐色柔毛，基部 3 主脉，表面光滑，背面网脉隆起并构成显著小凹眼。雌雄同株，花小，生于中空的肉质花序托内，形成隐头花序。隐花果梨形或倒卵形，肉质，内具小瘦果。花期 5 ～ 8 月，果期 9 ～ 10 月。

薜荔喜温暖湿润气候，抗逆性较强。耐阴、耐旱，不耐寒。在酸性、中性土上都能生长。可点缀假山石及绿化墙垣和树干，以结果枝为主的植株可以修剪作为绿篱使用。果实富含果胶，可加工成凉粉食用。根、茎、叶、果均可药用，有祛风除湿、活血通络、消肿解毒、补肾、通乳等功效。

山茶科

滇山茶

滇山茶是被子植物真双子叶植物杜鹃花目山茶科山茶属的一种。又称云南山茶花。

滇山茶名出《种子植物分类学讲义》。分布于中国四川西南部、贵州西部和云南，生于海拔 1500 ～ 2800 米的山地阔叶林或混交林中。

滇山茶为灌木或乔木，高 2 ～ 15 米，树皮灰褐色。单叶互生，革质，椭圆形、长圆状卵形至卵状披针形，长 6 ～ 10 厘米，宽 3 ～ 5 厘米，先端渐尖，基部楔形至近圆形，边缘有尖锐锯齿。花无柄，腋生或近顶腋生，单花或 1 ～ 3 朵着生于新梢顶部叶腋，花大，直径 5 ～ 18 厘米；苞萼片 8 ～ 11，花后多少脱落；花瓣 5 ～ 7，红色，

滇山茶花

重瓣花可达 30 ～ 60；雄蕊多数，外轮花丝基部合生成筒，无毛；子房 3 室，稀 4 ～ 5 室，密被茸毛，花柱合生，无毛或近基部被毛，先端多浅裂。蒴果球形或扁球形，径 3 ～ 5 厘米，果皮厚木质，干后厚 5 ～ 6 毫米。种子半球形或球形，褐色。果期 9 ～ 10 月，花期 1 ～ 3 月。

滇山茶为著名观赏花木，已有上千个园艺品种。种子可榨油，供食用或作化妆品。其叶和花可入药，味苦，性凉，具有凉血止血、解毒止痢之功效。

茶　梅

茶梅是山茶科山茶属常绿小乔木或灌木。因花形兼具梅花和茶花的特点，故名茶梅。分布于日本，中国长江以南地区多栽培。

茶梅高 3 ～ 13 米。分枝稀疏，嫩枝有粗毛。芽鳞表面有倒生柔毛。单叶互生，革质，椭圆形至长卵形，长 3 ～ 8 厘米，宽 2 ～ 3 厘米，先端短尖，基部楔形，叶表有光泽，脉上略有毛，边缘有细锯齿。花大小不一，径 4 ～ 7 厘米，略有芳香，无柄。花瓣 6 ～ 7 片，阔倒卵形，近离生，大小不一，红色。雄蕊多数，2 轮，外轮花丝连合，着生于花瓣基部，内轮花丝分离。子房密被白色毛。苞及萼片 6 ～ 7，被柔毛。蒴果球形，室背开裂，宽 1.5 ～ 2.0 厘米，略有毛，无宿存花萼，内有种子 3 粒。花期 11 月至次年 3 月。

茶梅性强健，喜光，也稍耐阴，但在阳光充足处花朵更为繁茂。喜温暖气候和富含腐殖质且排水良好的酸性土壤。有一定抗旱性。可作基础种植及常绿篱垣材料，亦可盆栽观赏。种子可榨油。

山龙眼科

山龙眼花

山龙眼花是山龙眼科具观赏价值的乔木或灌木，稀为多年生草本植物。

山龙眼花一般包括产于南非的帝王花属、银树属、针垫花属，以及产于澳大利亚的班克木属和泰洛泊属等植物。山龙眼花喜阳光充足、温暖湿润的气候条件，要求疏松、腐殖质含量高的土壤。花大，颜色鲜艳，叶片美丽。常见用于切花的植物有帝王花、针垫花等。

山茱萸科

四照花

四照花是山茱萸科四照花属和山茱萸属中一些观赏植物的统称。

四照花产于中国内蒙古、山西、陕西、甘肃、河南以及长江以南各地。四照花属共 10 种，中国均有。其中，四照花较为常见。

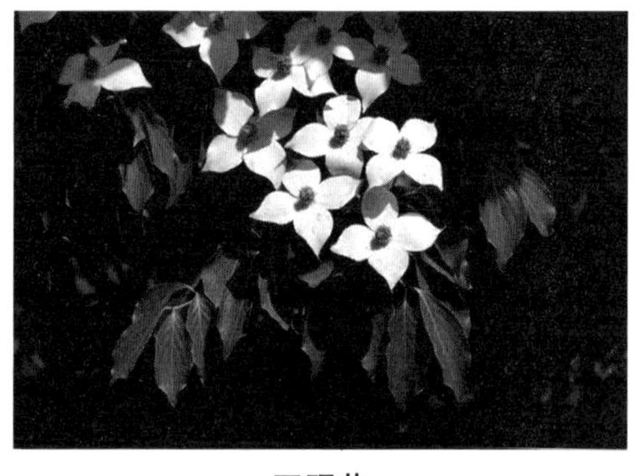

四照花

四照花为常绿或落叶小乔木或灌木。冬芽顶生或腋生。叶对生，亚革质或革质，稀纸质，卵形，椭圆形或长圆披针形，侧脉 3 ～ 6（～ 7）对。具叶柄。头状花序顶生，有白色花瓣状的总苞片 4，卵形或椭圆形。花小，两性。花萼管状，先端有齿状裂片 4，钝圆形、三角形或截形。花瓣 4，分离，稀基部近于合生。雄蕊 4，花丝纤细。果为聚合状核果，球形或扁球形。花期 5 ～ 6 月，果期 8 ～ 10 月。山茱萸属大花四照花和墨西哥四照花与四照花属植物形态相似，但是果实成熟时分离，不形成肉质球形的聚合果。

四照花的树性强健，耐寒力亦强。适合栽植于较温暖的地区，适生于肥沃而排水良好的土壤。常用播种繁殖、扦插繁殖，也可嫁接繁殖、压条繁殖。

四照花树形整齐，初夏开花，总苞片色白如蝶，盛开时如满树的蝴蝶在上下飞舞。核果聚生成球形，红艳可爱，味甜可食，还可酿酒。叶片光亮，入秋变红，观赏价值高。常栽培于庭院中以供观赏，或以常绿树为背景栽植于公园、宅旁、路边，孤植、丛植皆宜，亦可用作行道树。

石榴科

石　榴

石榴是石榴科石榴属一种植物。又称安石榴、若榴、丹若、金罂、金庞、涂林、天浆。

◆ 主要分布

石榴是一种古老的果树树种，原产于伊朗、阿富汗和高加索等中亚地区，迄今已有3000多年的栽培历史，是中国最早引进的果树树种之一。

石榴作为一种新兴果树，既是重要的园林绿化和生态建设树种，也是中国传统文化中的吉祥果。世界上有30多个国家商业化种植石榴，印度、伊朗、中国、土耳其和美国是石榴主要生产国。按照气候、地理、生态条件划分，中国石榴主要产区分为陕西关中产区、河南产区、山东枣庄产区、皖北产区、四川攀西产区、滇北产区、滇南产区、新疆产区。主栽优良石榴品种有泰山红石榴、青皮软籽石榴、临潼大红袍石榴、临潼净皮甜石榴、临潼三白甜石榴、御石榴、大青皮甜石榴、峄县软籽石榴等。

◆ 形态特征

石榴为落叶灌木或小乔木，其枝干的分枝比较多，小枝多呈圆形，顶端光滑无毛，刺状；枝干一般向左方扭曲旋转生长，高2～7米；叶的质厚为全缘，表面有光泽，丛生或对生，长2～8厘米，有长倒卵形也有椭圆状披针形，宽1～2厘米，有短叶柄，尖端较尖，背面中脉凸出，有短柄。石榴花两性，属于完全花，自花结实率相对较低，生长在新枝尖端和旁边的叶腋中，子房下位，花萼呈钟形，石榴花萼厚质，萼上端多为5～7裂，裂片外面有乳头状突起。花瓣倒卵形，互生，与萼片数相等，花期一般为6～7月。果实为浆果，有黄褐、黄白、鲜红等多种颜色，果皮较厚，一般9～10月成熟。果皮内一般有6个子房室，各室内均有众多籽粒，呈黄色、粉红、鲜红等，并由薄膜将各室分开。籽粒的食用部分含大量汁液，即外种皮为肉质层，汁液的风味有甜、酸甜、甜微酸、特酸等数种。

◆ 生活习性

石榴为温带和亚热带果树，喜温暖、阳光充沛且通风良好的环境，有一定耐旱、耐寒、耐贫瘠和耐盐碱的能力；在海拔300～1000米的大部分山地、平原、丘陵、沙滩区域均可种植，其对土壤的要求不太高，在略带黏性、富含石灰质的土壤生长良好，而沙壤土或壤土最佳。在春季气温上升至10℃左右时，石榴树开始生长，之后随着温度逐渐升高而萌芽、抽枝和展叶，当日平均气温达到25℃左右时最适合授粉，盛夏气温达25～35℃时生长最为繁盛，秋季气温18～26℃时适宜果实生长和种子的发育，而较大的昼夜温差能使得石榴籽粒中积累更多的糖分和营养成分，当日平均气温低于11℃时开始落叶，之后进入休眠期。

◆ **培育技术**

石榴树易栽植成活，石榴苗木的繁育方法主要有实生、扦插、嫁接、压条和分株等。①实生育苗。一般是在8～9月采种后晾干贮藏，待次年春季2～3月播种，播种前将种子浸泡在40℃的温水中6～8小时，待种皮膨胀后再播。种子按25厘米的行距播种，覆1～1.5厘米厚的土，覆草后浇1次透水。一般1个月左右可发出新芽。苗高4厘米后6～9厘米的株距进行间苗，落叶后至次年春天芽萌动前可进行移植。②扦插繁殖。宜选用生长健壮、灰白色的1～2年生的枝条作为插条，插条粗度0.5～1厘米为宜，插条基部的刺应多些。只要温度适宜，扦插一年四季均可进行，一般认为秋插比春插好。扦插后注意水肥管理，及时防虫治病。③嫁接繁殖。多在生长期进行，一般采用枝接法。

◆ **用途**

石榴有丰富的营养，全身是宝。石榴除有食用价值外，它的根皮、果皮、叶、花、果实皆可入药，性味温、甘、酸、涩而无毒，具有生津止渴、治咽燥口渴、收敛止泻、驱虫杀菌等功效。含有多种鞣质和生物碱，可预防和治疗很多疾病。如石榴汁可以使胆固醇含量下降，能够软化血管、帮助消化、抗胃溃疡。石榴果汁和叶子中的提取物能抗氧化，有调节血脂平衡的作用。大量研究证明，石榴还有延缓衰老、预防心脏病、美容护肤等功效。

柿　科

君迁子

君迁子是柿科柿属落叶乔木。又称牛奶柿、黑枣、软枣。

君迁子主要原产地是中国，亚洲西部、小亚细亚、欧洲南部也有分布。在中国主要产于山东、辽宁、河南、河北、山西、陕西、甘肃、江苏、浙江、安徽、江西、湖南、湖北、贵州、四川、云南、西藏等地。生于海拔 500 ～ 2300 米的山地、山坡、山谷的灌丛或林缘。

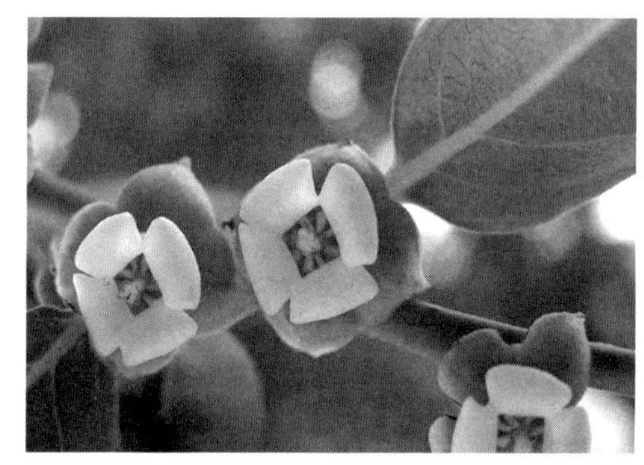

君迁子花

君迁子高可达 30 米，胸径可达 1.3 米；树冠近球形或扁球形；树皮灰黑色或灰褐色。叶椭圆形至长椭圆形，上面深绿色，有光泽，下面绿色或粉绿色，有柔毛。雄花腋生；花萼钟形；花冠壶形，带红色或淡黄色。果近球形或椭圆形，初熟时为淡黄色，后则变为蓝黑色，常被有白色薄蜡层。花期 5 ～ 6 月，果期 10 ～ 11 月。

君迁子繁殖一般采取播种法。果实成熟后，采摘晾干，然后将种子取出，洗净晾干后保存。翌年 3 月下旬将种子浸泡在 40℃温水中两天，种子膨胀后再进行播种。幼苗出齐 30 天后，可进行间苗，追施氮肥。第二年春天可进行移栽，第三年可进行二次移栽，栽植株行距为 4 米 ×6 米。

君迁子可作为观果树种在园林中应用，秋季金黄果实挂满枝头，效果绝好。成熟果实可供食用，亦可制成柿饼，入药可止消渴，去烦热；又可供制糖、酿酒、制醋；未熟果实可提制柿漆，供医药和涂料用。木材可制作纺织木梭、雕刻、小用具等，亦可制作精美家具和文具。树皮可供提取单宁和制造人造棉。

柿 树

柿树是柿科柿属植物的栽培种。属暖温带落叶果树。

◆ 名称来源和起源

柿树由瑞典博物学家 C.P. 桑伯格于 1780 年命名。由野生柿驯化而成，中国西安栽培最早。山东省临朐县山旺镇曾发现 250 万年前的野柿叶化石。浙江省余姚市田螺山和浦江县的上山遗址曾发现柿核，证明 8000 年前野柿已被人类采食。

◆ 分布范围

柿树原产于中国长江流域。中国是柿树的原产地，也是柿树栽培最多的国家。除黑龙江、吉林、内蒙古、宁夏、青海、新疆、西藏以外，其他地区均有分布，其中以黄河流域的陕西、山西、河南、河北、山东5省栽培最多，栽培面积占全国的80%～90%，产量占全国的70%～80%。国外柿树分布亦广，亚洲其他国家和地区、欧洲、非洲均有栽培。其中，以日本较多，朝鲜、意大利次之，印度、菲律宾、澳大利亚也有少量栽培。

◆ 形态特征

柿树为落叶大乔木，高达10～14米，胸径达65厘米，高龄老树有的高达27米。树皮深灰色至灰黑色，或者黄灰褐色至褐色，沟纹较密，裂成长方块状；枝开展，带绿色至褐色，无毛。叶纸质，卵状椭圆形至倒卵形或近圆形，通常较大，长5～18厘米，宽2.8～9厘米，先端渐尖或钝，基部楔形，钝，圆形或近截形；叶柄长8～20毫米，无毛，上面有浅槽。雌雄异株，但间或雄株中有少数雌花、雌株中有少数雄花的，花序腋生，为聚伞花序。花期6～9月，球果9～10月成熟。

柿树花

◆ 生态习性

柿树对温度条件的要求不高，一般年平均温度9℃以上，绝对低温在-24℃以上的温度条件下均可生长，但要求气、光条件。柿树较喜湿润，要求土壤湿度比较稳定，湿度变化过大容易引起柿树落果。

柿树根系强大，对土壤适应性较强，但土层深厚、排水良好、含有丰富腐殖质的土壤或黏壤土更适合柿树的生长。过于贫瘠的土壤，枝条生长不良，落果多。柿树最适宜的是钙质土，pH 为 6 ～ 8。

◆ 培育技术

柿树培育有嫁接法和播种法两种，生产上多用嫁接法繁殖。柿树嫁接后 5 ～ 6 年即可开始结果，10 ～ 12 年后进入盛果期，经济寿命可达 100 年以上。实生树结果较晚，播种后 7 ～ 8 年才开始结果。幼龄柿树的长势旺盛，新梢年生长量可达 1 米以上；除春季生长外，在夏、秋季节，往往还有二次或三次生长。幼树定植后，一般 5 ～ 6 年开始结果，7 ～ 8 年进入盛果期，20 ～ 50 年为结果最盛期，之后则随着树龄的增长，树势逐渐变弱，产量开始下降，应在加强土肥水综合管理的基础上，及时更新复壮。柿树的树冠较为开张，自然更新能力比较强，在一般的栽培条件下，结果年限可达百年以上；在良好的管理条件下，树龄可长达 300 年以上。

◆ 多样性

中国学者对柿品种分类进行了探讨。牟云官依据果实形态，将柿品种分为大果型和小果型两类。大果型又细分为高圆型、扁方型、托柿型、牛心型和油柿等品种类群；小果型包括很多原生种，类型多样但经济价值不高。这种分类系统包括中国绝大多数柿品种，但仍然是人为分类，不能反映品种间的亲缘关系。王仁梓等提出过根据果实甜涩、成熟期、大小、形状、用途等指标的意见，作为品种识别和商品生产的依据尚可，但作为一种品种分类体系则尚待完善。

◆ 主要用途

柿子色泽鲜艳，柔软多汁，香甜可口，老少喜食。据测，每 100

克柿子含碳水化合物15克以上、糖分28克、蛋白质1.36克、脂肪0.2克、磷19毫克、铁8毫克、钙10毫克、维生素C16毫克，还含有胡萝卜素等多种营养成分。它既可生食，也可加工成柿饼、柿糕，并可用来酿酒、制醋等。生柿能清热解毒，是降压止血的良药，对治疗高血压、痔疮出血、便秘有良好的疗效。柿树在园林中孤植于草坪、旷地，或列植于街道两旁，尤为雄伟壮观。又因其对多种有毒气体抗性强，并能吸收有害气体，有较强的吸滞粉尘的能力，因此常被用于城市及工矿区的道路两旁，用于广场、校园绿化也颇为合适。

松　科

黑　松

黑松是松科松属一种植物，是著名的海岸绿化树种。黑松原产于日本及朝鲜南部海岸地区。中国旅顺、大连、山东沿海地带和蒙山山区以及武汉、南京、上海、杭州等地有引种栽培。

黑松为乔木，树皮暗灰色，粗厚，裂成块片脱落。针叶2针一束，边缘有细锯齿，背腹面均有气孔线。雄球花淡红褐色，圆柱形，聚生于新枝下部；雌球花单生或2～3个聚生于新枝近顶端，直立，有梗，卵圆形，淡紫红色或淡褐红色。球果成熟前绿色，熟时褐色，圆锥状卵圆形或卵圆形，有短梗，向下弯垂；鳞盾微肥厚，横脊显著，鳞脐微凹，有短刺；种子倒卵状椭圆形，种翅灰褐色，有深色条纹。

黑松喜光喜温；深根性，有根菌共生，喜生于沙性中壤类土壤中；耐干旱贫瘠，但不耐水湿；耐海雾，抗海风，抗病虫能力强。以有性繁殖为主，亦可用营养繁殖。其中枝插和针叶束插均可获得成功，但难度比较大，生产上仍以播种育苗为主。苗床播种、容器育苗应用都很普遍。

木材富树脂，较坚韧，结构较细，纹理直，耐久用。可作建筑、矿柱、器具、板料及薪炭等用材。亦可提取树脂。中国多作庭园观赏树种。可作中国山东、江苏及浙江沿海地区的造林树种。

青　扦

青扦是松科云杉属乔木。又称细叶云杉、华北云杉、魏氏云杉。

青扦是中国产云杉属中分布较广的树种之一，分布于河北小五台山、雾灵山，山西五台山，陕西南部，湖北西部，甘肃中部及南部，青海东部及四川等地。常形成单纯林或与其他针叶树、阔叶树种混生成林。

青扦高达 50 米，胸径达 1.3 米。树皮灰色或暗灰色，呈不规则鳞块状脱落。枝条近平展，树冠塔状。一年生枝淡黄绿色或淡黄灰色，无毛，稀疏生短毛，二三年生枝淡灰色、灰色或淡褐灰色。冬芽卵圆状，无树脂，小枝基部宿存芽鳞的先端紧贴小枝。叶较短，通常长 0.8 ～ 1.3（～ 1.8）厘米，宽 1.2 ～ 1.7 毫米，横断面四棱形或扁菱形，四面各有气孔线 4 ～ 6 条，微具白粉。球果卵圆柱状或圆柱状长卵圆形，成熟前绿色，熟时黄褐色或淡褐色。种子倒卵圆状，种翅倒宽披针形，淡褐色，先端圆。花期4月，球果10月成熟。

青扦适应性较强，喜温凉气候，喜湿润、深厚、排水良好的微酸性土壤。采用种子繁殖，生长缓慢。

青扦木材淡黄白色，较轻软，纹理直，结构稍粗。可供建筑、家具及木纤维工业原料等用材。可作分布区内的造林树种。

苏铁科

苏　铁

苏铁是裸子植物苏铁目苏铁科苏铁属的一种。又称铁树。

◆ 地理分布

苏铁喜暖热湿润的环境，不耐寒冷，生长慢，寿命长，可达200年。产于日本南部以及中国福建等地，在世界各地广泛栽培。在中国长江流域和北方各地栽培的苏铁常终生不开花或偶有开花，故有“铁树开花”之典故，比喻事情很罕见或很难实现。但实际上在南方10龄以上的苏铁几乎每年均可开花结子。该种也是苏铁属分布最北的一个物种。

苏铁植株

◆ 形态特征

苏铁为常绿乔木。树干圆柱形，高约2米或更高。树干表面有螺旋状排列的菱形叶柄残痕。叶大型羽状，革质，坚硬，生于茎的顶部，倒卵状披针形，长 75 ～ 200 厘米，叶柄两侧有齿状刺。雌雄异株。雄球花圆柱状，长 30～70厘米，径8～15厘米。多枚楔形的小孢子叶螺旋状着生于花轴上，下面有许多小孢子囊，通常 3 个聚生。雌球花由多枚大孢子叶组成，每片大孢子叶扁平，长 14 ～ 22 厘米，密生淡黄色或淡灰黄色绒毛，上部羽状分裂，柄部两侧着生 2 ～ 6 枚胚珠。种子倒卵圆形或卵圆形，稍扁，长 2 ～ 4 厘米，径 1.5 ～ 3 厘米，成熟时红褐色或橘红色。

◆ **分类系统**

苏铁属内物种的划分存在很大争议，但苏铁作为一个单系的物种被广泛接受，与台东苏铁的关系非常近缘。

◆ **经济意义**

苏铁树形优美，为著名观赏树种。茎内含淀粉；种子含油和丰富的淀粉，微有毒，可食用和药用，可治痢疾、止咳和止血。

桃金娘科

红千层

红千层是桃金娘科红千层属常绿乔木。又称瓶刷子树、红瓶刷、金宝树。

红千层原产于澳大利亚。中国引进已有百年历史，台湾、广东、广西、福建、浙江等地均有栽培。因花形极似瓶刷，所以被称为“瓶刷子树”。

红千层树皮坚硬，灰褐色；嫩枝有棱。叶片坚革质，线形，先端尖锐，油腺点明显，叶柄极短。穗状花序生于枝顶；花瓣绿色，卵形；雄蕊长 2.5 厘米，鲜红色，花药暗紫色，椭圆形。蒴果半球形，3 爿裂开，果爿脱落；种子条状，长 1 毫米。花期 6 ～ 8 月。

红千层以播种繁殖为主，也可扦插繁殖，不易移植成活。属阳性树种，耐 -5℃低温和 45℃高温，生长适温为 25℃左右，幼苗在南方可露地越冬。对水分要求不严，但在湿润条件下生长较快。长江以南自然条件下每年春、夏开两次花。人工催花可在元旦、春节开花。萌发力强，耐修剪。由于极耐旱、耐瘠薄，也可在城镇近郊荒山或森林公园等处栽培。

红千层树姿优美，花形奇特，适应性强，观赏价值高，适用于庭院美化，为高级庭院美化观花树、行道树、园林树、风景树，还可作防风林、切花或大型盆栽，并可修剪整枝成盆景。红千层还是香料植物，其小叶芳香，可供提香精油。鲜叶出油 0.75% ～ 1.20%，主成分 1,8- 桉叶素含量较高为 69.56%，与桉油大王桉树不相上下，也是生产桉叶油的植物资源。其精油用作调配化妆品、香皂、日用品、洗涤剂的香精，也用于医药卫生。

无患子科

文冠果

文冠果是无患子科文冠果属落叶灌木或小乔木。

文冠果原产于中国北方黄土高原地区，天然分布北到辽宁西部和吉林西南部，南至安徽萧县及河南南部，东至山东，西至甘肃、宁夏。野生于丘陵山坡等处，各地也常栽培。

文冠果高可达5米。小枝褐红色粗壮，叶连柄长可达30厘米。小叶对生，两侧稍不对称，顶端渐尖，基部楔形，边缘有锐利锯齿。两性花的花序顶生，雄花序腋生，直立，总花梗短，花瓣白色，基部紫红色或黄色，花盘的角状附属体橙黄色，花丝无毛。蒴果长达6厘米。种子黑色而有光泽。春季开花，秋初结果。

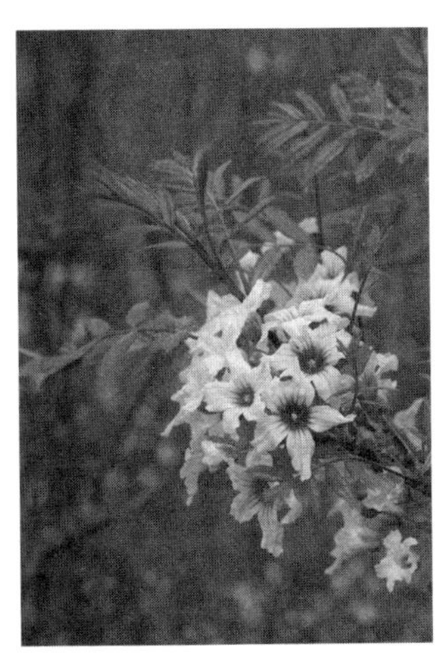

文冠果花

文冠果主要采用播种繁殖，也可用分株、压条和根插方法。喜阳，耐半阴，对土壤适应性很强，耐盐碱，抗寒能力强，−41.4℃安全越冬。不耐涝、怕风，在排水不好的低洼地区、重盐碱地和未固定沙地不宜栽植。耐干旱、贫瘠，抗风沙，在石质山地、黄土丘陵、石灰性冲积土壤、固定或半固定的沙区均能生长。

文冠果是中国特有的一种食用油料树种。文冠果花奇特、繁茂，也常作为景观树种。

五福花科

女　贞

女贞是木樨科女贞属常绿乔木。又称大叶女贞、冬青、蜡树。女贞产于中国长江流域及其以南地区，甘肃南部、陕西、华北南部多有栽培。

朝鲜、日本也有分布。

女贞高 6 ～ 15 米。树皮灰褐色；枝黄褐色、灰色或紫红色，圆柱形，疏生圆形或长圆形皮孔。叶片常绿，革质，卵形、长卵形或椭圆形至宽椭圆形，长 6 ～ 12 厘米，宽 3 ～ 8 厘米，先端锐尖至渐尖或钝，基部圆形或近圆形，有时宽楔形或渐狭，叶缘平坦，叶面光亮，两面无毛。圆锥花序顶生，长 10 ～ 20 厘米，花白色，花无梗或近无梗（长不超过 1 毫米）。核果肾形或椭圆形，长 7 ～ 10 毫米，径 4 ～ 6 毫米，深蓝黑色，成熟时呈蓝黑色，被白粉。花期 6 ～ 7 月，果期 11 ～ 12 月。

女贞花

女贞萌芽力强、耐修剪，采用播种或扦插繁殖。喜光，稍耐阴；喜温暖，有一定耐寒性；喜湿润气候，不耐干旱；喜微酸性或微碱性湿润土壤，不耐瘠薄；对二氧化硫、氯气、氟化氢等有毒气体有较强的抗性。

女贞枝叶清秀、繁密，终年常绿，开花时满树白花，且适应城市气候环境，是长江流域及华北南部常见的绿化树种，广泛栽植于街道、住宅小区、校园、公园，或作园路树，或修剪作绿篱用。对多种有毒气体抗性较强，可作为工矿区的抗污染树种。果、树皮、根、叶可入药，木材可作为细木工用材。

天目琼花

天目琼花是五福花科荚蒾属落叶灌木。又称鸡树条、老鸹眼、鸡树条荚蒾。天目琼花分布于中国黑龙江、吉林、辽宁、河北北部、山西、陕西南部、甘肃南部、河南西部、山东、安徽南部和西部、浙江西北部、江西（黄龙山）、湖北和四川等地。日本、朝鲜和俄罗斯西伯利亚东南部也有分布。

天目琼花高可达 4 米。树皮暗灰褐色，质厚而多少呈木栓质。小枝褐色至赤褐色，具明显条棱，无毛。冬芽卵圆形，有柄，无毛。单叶对生，叶片轮廓圆卵形至广卵形或倒卵形，通常 3 裂，具掌状 3 出脉，无毛，裂片顶端渐尖，边缘具不整齐粗齿，叶下面仅脉腋集聚簇状毛或有时脉上亦有少数长伏毛，叶柄粗壮，无毛。复伞形聚伞花序，周围有大型白色不孕花，总花梗粗壮，无毛，花生于第二至第三级辐射枝上，花梗极短。花冠白色，辐状，花药紫红色。果实红色，近圆形。花期 5 ～ 6 月，果熟期 9 ～ 10 月。

天目琼花喜光又耐阴、耐寒，生于溪谷边疏林下或灌丛中，海拔 1000 ～ 1650 米处。宜在建筑物四周、草坪边缘配植，也可在道路边、假山旁孤植、丛植或片植。枝叶可通经活络，解毒止痒；果实能够止咳。

五加科

常春藤

常春藤是被子植物真双子叶植物伞形目五加科常春藤属尼泊尔常春藤的一变种。又称“百脚蜈蚣”。名出《本草拾遗》。

常春藤分布地区广，在中国北自甘肃东南部、陕西南部、河南、山东，南至广东（海南岛除外）、江西、福建，西自西藏波密，东至江苏、浙江的广大区域内均有生长。常攀缘于林缘树木、林下路旁、岩石和房屋墙壁上，庭园中也常栽培。垂直分布海拔自数十米起至 3500 米（四川大凉山、云南高黎贡山）。越南也有分布。

常春藤，常绿攀缘灌木，茎长 3 ～ 20 米，有气生根。叶片革质，不育枝上叶三角状卵形或三角状长圆形，边缘全缘或 3 裂，花枝上叶椭圆状卵形，略歪斜而呈菱形，多变化，全缘或有 1 ～ 3 浅裂；叶柄细长，无托叶。伞形花序单个顶生，或 2 ～ 7 个总状排列或伞房状排列成圆锥花序，苞片小，三角形；花两性，淡黄白色或淡绿白色，芳香；萼密生棕色鳞片，边缘近全缘；花瓣 5，三角状卵形，外面有鳞片；雄蕊 5，花药紫色；子房 5 室；花盘隆起，黄色，花柱全部合生成柱状。果实球形，红色或黄色，花柱宿存。花期 9 ～ 11 月，果期次年 3 ～ 5 月。

本变种叶形和伞形花序的排列有较多变化，但其间有过渡类型，难于从中分出不同的种和变种。与尼泊尔所产的原变种的区别，仅在于原变种不育小枝上的叶片较狭、较长，每边有 2 ～ 5 个羽状裂片。

常春藤为优良的垂直绿化植物，可作墙面或篱笆的绿化装饰，也可用于地皮绿化或点缀假山叠石，作盆景亦佳。全株入药，有舒筋散风之功效，茎叶捣碎治衄血，也可治痛疽或其他初起肿毒。茎叶含鞣酸，可提制栲胶。

八角金盘

八角金盘是五加科八角金盘属常绿灌木。又称五加皮。

八角金盘原产于日本暖地近海的山中林间。中国早年引种，后来广泛栽培于长江以南地区作为城市绿化和庭园观赏植物，江南和台湾一带尤多。

八角金盘茎高达 4 ～ 5 米，常数干丛生。叶掌状 7 ～ 9 裂，径 20 ～ 40 厘米，基部心形或截形，裂片卵状长椭圆形，缘有齿，表面有光泽，叶基部膨大，无托叶，叶柄长 10 ～ 30 厘米。花两性或杂性，多个伞形花序形成顶生圆锥花序，花朵小，白色。果实近球形，黑色，肉质，径约 0.8 厘米。花期 11 月，果期翌年 4 ～ 5 月。

八角金盘的栽培变型有白边八角金盘、黄斑八角金盘、白斑八角金盘、波缘八角金盘。亚热带树种，喜阴湿温暖气候，不耐干旱，不耐严寒，以排水良好且肥沃的微酸性土壤为宜，中性土壤亦能适应。萌蘖力尚强。以扦插繁殖为主，亦可播种繁殖和分株繁殖。扦插行于 3 ～ 4 月。以沙土作基质，选 2 ～ 3 年生枝近基部剪下，截成 15 厘米长，插入土中 2/3，按实紧压，充分浇水，经常保持土壤湿润。插穗先萌芽，后发根，约有 1 个月假活期，须搭棚遮阴，加强管理，成活率较高。6 ～ 7 月扦插，发根快，但管理难度大。播种繁殖在 4 月下旬进行，种子采收后堆放后熟，用水洗净，稍阴干即可播种，出苗率高。如不能当年播种，须拌沙层积，低温贮藏。播前应先搭好遮阴棚，播后 1 个月左右发芽出土，及时揭草，保持床土湿润。入冬后幼苗须防寒，留床一年或分栽培大。培育地应选择庇荫且湿润之处，在旷地栽培须搭遮阴棚。移植在翌年 3 ～ 4 月进行，须带泥球。在栽培中，不供采种的植株开花后要及时剪除花梗，以减少养分消耗。八角金盘也可盆栽，冬季室温保持在 5℃以上，如达

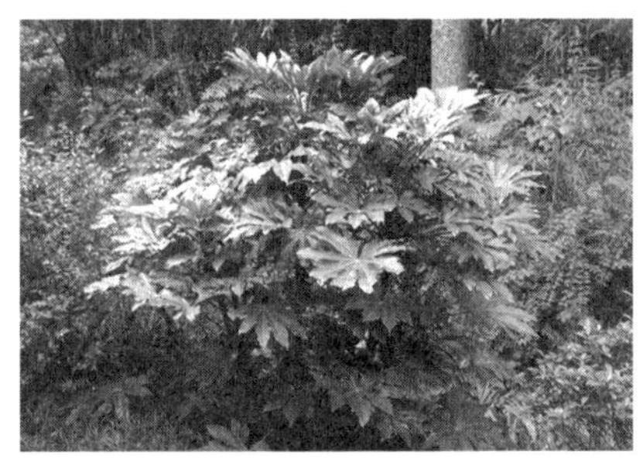
八角金盘

不到，则须放入温室越冬。

八角金盘绿叶扶疏，托以长柄，状似金盘，为重要的阴生观叶树种。适于配植在庭前、门旁、窗边、墙隅及城市高架桥下、建筑物背阴面。点缀在溪流跌水之旁、池畔桥头树下，亦幽趣横生。若在草坪边缘、林地之下成片群植，尤为引人入胜。对二氧化硫抗性较强，可供厂矿等处用作绿化；亦可盆栽供室内观赏。

小檗科

南天竹

南天竹是被子植物真双子叶植物毛茛目小檗科南天竹属的一种。名出《通雅》。

南天竹分布于中国安徽、福建、广东、广西、贵州、河南、湖北、湖南、江苏、江西、陕西、山东、山西、四川、云南、浙江等地。日本、印度也有分布。生于海拔1200米以下的山地林下、沟旁、路边或灌丛中。

南天竹为常绿灌木，高1～3米，无毛。幼枝绿色或浅粉红色，老枝灰色。三回羽状复叶，互生，常集生于茎上部，长30～70厘米，二至三回羽片对生。小叶薄革质，椭圆形或椭圆状披针形，长2～10厘米，宽0.5～2厘米，顶端渐尖，基部楔形，全缘，上面深绿色，冬季变红色。叶柄短或近无柄。圆锥花序直立，长20～45厘米。花芳香，直径6～8

毫米。萼片多轮，白色或带浅紫红色，外部萼片卵状三角形，长 1 ～ 2 毫米，最内轮萼片卵状长圆形，长 2 ～ 4 毫米。花瓣白色，长圆形，长约 4.5 毫米，宽约 2.5 毫米，先端圆钝。雄蕊 6 枚，长约 3.5 毫米，花丝短，花药纵裂，药隔延伸。子房 1 室，具 1 ～ 3 枚胚珠。浆果球形，直径 5 ～ 8 毫米，熟时鲜红色，偶有黄色。果柄长 4 ～ 8 毫米。种子扁圆形。花期 4 ～ 6 月，果期 7 ～ 12 月。

南天竹花序

本种为南天竹属仅有的一种植物，被广泛作为观赏植物。冬季南天竹部分叶可变成橙红色或浅紫红色，果实亮红色。各地公园及庭园常见栽培。全株均可药用，果实为镇咳药；根茎有清热除湿、通经活络之功效。

悬铃木科

二球悬铃木

二球悬铃木是悬铃木科悬铃木属落叶乔木。又称英国梧桐、悬铃木。

二球悬铃木于 1640 年前后发现于英国伦敦，是美桐（单球悬铃木）和法桐（三球悬铃木）的天然杂种。因果实球形，下垂如铃，故名。悬铃木树大浓荫，抗性强，能适应城市街道的不良条件，是理想的行道树和庭荫树，为“世界五大行道树”之一。在欧美得到广泛栽培，在日本被誉为“街树之王”。19世纪末引入中国上海，在“法国租界”种植较多，叶似梧桐，因而又常被误称为“法国梧桐”。

二球悬铃木树高可达35米，胸径可达1.3米左右。树皮呈不规则大片块状脱落，内皮灰绿色而光滑，幼枝及幼叶密生灰黄色绒毛。叶阔卵形，掌状3～5裂。花单性，雌雄同株，头状花序。果球通常2枚，生于长柄上。

二球悬铃木喜光，不耐阴，较耐寒。萌芽力强，耐修剪，生长迅速。对土壤要求不严，但以排水性良好、肥沃的中性或微酸性壤土最适宜，在微碱性或石灰性土中常生长不良。在中国，长江和淮河流域为适宜栽培地区。以扦插繁殖为主，也可用种子繁殖，春播前将种子低温沙藏20天后播种。

二球悬铃木广泛用作行道树和庭荫树，也可孤植于草坪、空旷地或列植甬道两旁，任其自然生长，尤为壮观。除氯气和氯化氢外，对其他多种有毒气体抗性较强，可用于工矿区绿化。木材硬度适中，纹理平滑，削面光泽，适于旋刨单板，为胶合板、刨花板、纤维板家具和建筑等用材。每年修剪下的枝条可用于人工培养银耳。

樟　科

润　楠

润楠是樟科润楠属常绿乔木。又称滇楠。为中国国家二级保护树种。润楠原产于中国四川。

润楠高可达40米以上。顶芽卵形，鳞片外面密被灰黄色绢毛。叶互生，革质，全缘，椭圆形或椭圆状倒披针形，长 5 ～ 10 厘米，先端渐尖或尾状渐尖，叶上面无毛，下面有贴伏小柔毛。具羽状脉，叶脉在上面凹下，在叶下明显凸起，侧脉在两边均不明显。圆锥花序生于嫩枝基部，花小带绿色，花被片 6，排成 2 轮。果扁球形，黑色，果下有宿存反曲的花被裂片。花期 4 ～ 6 月，果期 7 ～ 8 月。

润楠树干挺直，具广阔的伞形树冠，可作行道树与庭园树。材质优良，细致芳香，可供建筑、贵重家具和细工用。

芸香科

九里香

九里香是芸香科九里香属常绿灌木或小乔木。又称石辣椒、九秋香、九树香、七里香、千里香、万里香、过山香、黄金桂、山黄皮、千只眼、月橘。

九里香产于中国台湾、福建、广东、海南、广西等地南部。国际上，在东自菲律宾、南达印度尼西亚，西至斯里兰卡各地均有分布。常见于离海岸不远的平地、缓坡、小丘的灌木丛中。

九里香高可达 8 米。枝白灰或淡黄灰色，但当年生枝绿色。奇数羽状夏叶，小叶倒卵形或倒卵状椭圆形，两侧常不对称，长 1 ～ 6 厘米，宽 0.5 ～ 3 厘米。花序通常顶生，或顶生兼腋生，花多朵聚成伞状，为短缩的圆锥状聚伞花序。花白色，芳香。果橙黄至朱红色，阔卵形或椭圆形，果肉有黏胶质液。种子有短的棉质毛。花期 4 ～ 8 月，也有秋后开花的；果期 9 ～ 12 月。

九里香以种子繁殖为主，也可压条繁殖或嫁接繁殖。喜温暖，最适宜生长的温度为 20 ～ 32℃，不耐寒。是阳性树种，置于阳光充足、空气流通的地方才能叶茂花繁且香。对土壤要求不严，宜选用含腐殖质丰富、疏松、肥沃的沙质土壤。

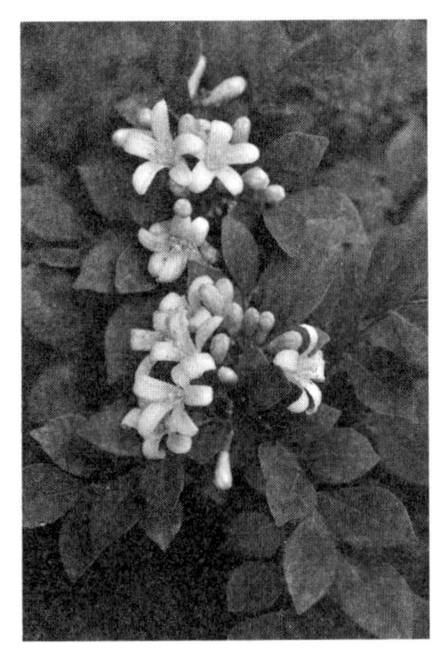

九里香花

九里香株姿优美，枝叶秀丽，花香浓郁，中国南部地区多用作围篱材料，或作花圃及宾馆的点缀品，亦作盆景材料。

紫茉莉科

三角梅

三角梅是紫茉莉科叶子花属藤状灌木。又称叶子花、宝巾、三角花、筋杜鹃等。

三角梅原产于巴西，主要分布于中国、巴西、秘鲁、阿根廷、日本、赞比亚等国家。全世界约有 18 种，栽培种和杂交种在 300 种以上。中国引种栽培的有光叶子花和叶子花两种及其他杂交种。

三角梅的花朵十分娇小，很不起眼，为吸引传粉者，它的苞片显著增大，三片叶状苞片如花瓣一样排列在整个花朵外围，并有醒目的色彩，因此称为叶子花。花期一般在 10 ～ 12 月。喜温暖、湿润的气候，属强阳性花卉，在阳光充足的环境中花量多。对土壤要求不高，在稍偏酸性或稍偏碱性土壤上均可正常生长，栽培土质以肥沃的壤土或沙质壤土为好。开花前 3 个月对植株周围的土壤进行深翻，切断部分根系，控制植株生长，对促进早花、多花效果明显。

三角梅终年常绿，花色丰富，品种繁多，花期长，枝多叶茂，耐修剪。常用于工厂、庭院、主干道、绿岛、公园等地的绿化；或种植于围墙及建筑物阳光充足的墙面，让其沿墙攀缘；或在草坪上孤植或三五成丛种植，修剪成各种造型，是一种应用广泛的园林绿化植物。

三角梅

锦葵科

马拉巴栗

马拉巴栗是锦葵科木棉亚科瓜栗属常绿乔木。又称光瓜栗、发财树。

马拉巴栗原产于巴西。本种特指市场上作为室内观叶植物的发财树、光瓜栗。市场上的发财树常被误认为水瓜栗。两者的区别是：后者花丝呈红色，而本种花丝为白色。

马拉巴栗株高 6～10 米，主干直立，枝条轮生。掌状复叶，小叶 5～11

枚，小叶长椭圆形，长 9 ～ 20 厘米，宽 2 ～ 7 厘米，全缘，深绿色，具较长的叶柄。花绿白色，花丝白色。果实卵圆形，种子可食。

马拉巴栗喜高温湿润和阳光充足的环境，不耐寒，耐干旱和半阴，生长适温为 20 ～ 30℃，冬季温度不宜低于 10℃。以肥沃、疏松和排水良好的沙质壤土为宜。常用扦插和播种方式繁殖。盆栽栽培要控制浇水量，生长期要注意施肥。

马拉巴栗树形美观，树皮青翠，茎干优美，叶片翠绿，在中国台湾、广东等地有露地栽培。在其他地区可作为一种优良的室内观叶植物。

紫葳科

蓝花楹

蓝花楹是紫葳科蓝花楹属开花落叶乔木。又称蓝楹、含羞草叶楹等。蓝花楹原产于南美洲巴西、玻利维亚和阿根廷。

蓝花楹树高可达 15 米。二回羽状复叶，叶对生。花蓝色，花序长达 30 厘米。花冠筒蓝色、细长，长达 18 厘米；花冠裂片圆形。果实为木质蒴果，扁卵圆形。花期 5 ～ 6 月。

蓝花楹在澳大利亚和中国昆明、西双版纳等地有栽培，供庭园观赏用，开花时吸引众人驻足观赏。

凌　霄

凌霄是紫葳科凌霄属落叶木质藤本。又称上树龙、五爪龙、苕华等。

凌霄分布于中国河北、河南、山东、陕西，南至长江以南，西至四川。日本也有分布，越南、印度等国有栽培。生于山谷湿处及林下。

凌霄茎木质，表皮脱落，枯褐色，靠茎上气根攀附他物。叶对生，奇数羽状复叶，小叶 7 ～ 9 个，稀至 11 个，卵形或卵状披针形，长 4 ～ 6 厘米，边缘有粗锯齿。圆锥花序顶生，花大，两性，花萼钟状，5 深裂，花冠漏斗状钟形，裂片 5，橘红色，雄蕊 4，2 长 2 短。蒴果顶端钝，长细棍形，2 裂，种子多，有膜翅。花期 5 ～ 8 月，果期 7 ～ 9 月。

凌霄可用来攀缘棚架、花门、假山或墙垣等，也可植于阳台和廊柱。凌霄花可用来制作通经利尿中药，出自《本草图经》。

楸　树

楸树是紫葳科梓属落叶乔木。又称金丝楸、楸。楸树分布于中国黄河流域及长江流域，尤以江苏、河南、山东、陕西中部与南部分布最为普遍。多散生于村前宅后及沟谷与山坡中下部。

楸树高 8 ～ 12 米。叶三角状卵形或卵状长圆形，顶端长渐尖，基部截形。叶柄长 2 ～ 8 厘米。顶生伞房状总状花序，有花 2 ～ 12 朵，粉紫色，内有紫色斑点。蒴果线形，长 25 ～ 55 厘米。种子狭长椭圆形，两端生长毛。花期 5 ～ 6 月，果期 6 ～ 10 月。

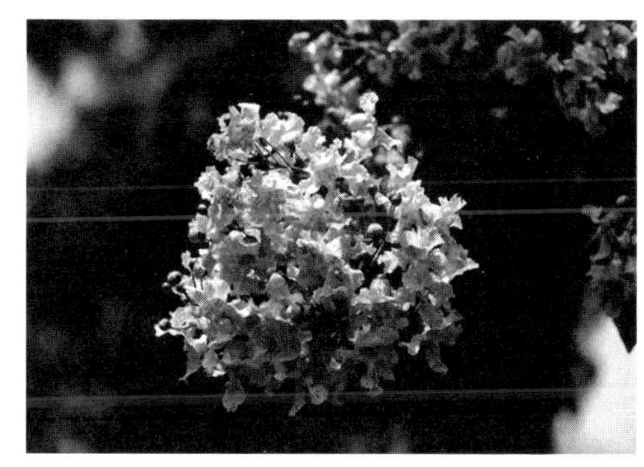

楸树花

楸树性喜肥土，稍耐盐碱，不耐干旱瘠薄，也不耐水湿。可用播种育苗繁殖，亦可用根蘖、嫁接、扦插等方法繁殖。

楸树生长迅速，树干通直，木材坚硬，为良好的建筑用材。可栽培作观赏树、行道树。

棕榈科

棕　竹

棕竹是棕榈科棕竹属丛生灌木。又称筋头竹、棕榈竹。

棕竹主要分布于东南亚和中国南部至西南部，日本亦有分布。生长在山坡、沟旁荫蔽潮湿的灌木丛中。

棕竹高 2 ～ 3 米。茎干直立圆柱形，有节，直径 1.5 ～ 3 厘米，茎纤细如手指，不分枝，有叶节，上部被叶鞘，但分解成稍松散的马尾状淡黑色粗糙且硬的网状纤维。叶集生茎顶，掌状深裂，裂片 4 ～ 10 片，不均等，具 2 ～ 5 条肋脉，长 20 ～ 32 厘米或更长，宽 1.5 ～ 5 厘米，宽线形或线状椭圆形，先端宽，截状而具多对稍深裂的小裂片，边缘及肋脉上具稍锐利的锯齿，横小脉多而明显。肉穗花序腋生，长约 30 厘米，花小，淡黄色，极多，单性，雌雄异株。果实球状倒卵形，直径 8 ～ 10 毫米。种子球形，胚位于种脊对面近基部。花期 4 ～ 5 月，果期 10 ～ 12 月。

棕竹可用播种繁殖和分株繁殖，家庭种植多以分株繁殖为主。喜温暖湿润及通风良好的半阴环境，不耐积水，极耐阴，畏烈日，稍耐寒，可耐 0℃左右低温。株型小，生长缓慢，要求疏松肥沃的酸性土壤，不耐瘠薄和盐碱，要求较高的土壤湿度和空气温度。

棕竹树形优美，可作庭园绿化观赏植物。

散尾葵

散尾葵是被子植物单子叶植物棕榈目棕榈科散尾葵属的一种。因其叶片向四面散射状生长、羽状叶片似动物尾巴而得名。

散尾葵原产于非洲马达加斯加岛，现世界热带引种栽培。中国华南各地有栽培。

散尾葵为多年生丛生灌木，高 2 ～ 5 米，茎粗 4 ～ 5 厘米。叶大型，羽状全裂，长可达 1.5 米，具羽片 40 ～ 60 对，呈 2 列，黄绿色，表面有蜡质白粉，羽片披针形，先端具不等长的短 2 裂，叶顶端的羽片渐短；叶柄及叶轴光滑，黄绿色，上面具沟槽，背面凸圆；具有包在茎上的黄绿色叶鞘，初时被蜡质白粉，有纵向沟纹。圆锥花序生于叶腋，长约 0.8 米，具 2 ～ 3 次分枝；每个花序分枝生 8 ～ 10 个小穗轴，长 12 ～ 18 厘米；花雌雄同株，在小穗轴近基部为每 3 朵（2 雌 1 雄）聚生，近顶端多为单生或成对着生的雄花；花多数螺旋状着生于小穗轴上，呈金黄色。雄花萼片和花瓣各 3 片，雄蕊 6，具有圆锥状退化子房；雌花花萼和花瓣各 3 片，离生；雌蕊 3 心皮，子房球状卵形，柱头 3，多仅 1 室 1 胚珠发育，具退化雄蕊 6。果实略为陀螺形或倒卵形，长 1.5 ～ 1.8 厘米，直径 0.8 ～ 1 厘米，鲜时土黄色，干时紫黑色，外果皮光滑，中果皮具网状纤维。种子略为倒卵形，胚乳均匀，中央有狭长的空腔，胚侧生。花期 5 月，果期 8 月。

散尾葵株型小，耐阴性好，可摆放于庭院和家庭中；在热带地区的庭院中，多作观赏树栽种于草地、树荫、宅旁；中国长江流域及北方以盆栽为主，是很好的观叶植物。《新华本草纲要》中记载散尾葵的叶鞘纤维可入药，具有收敛止血之功效。

刺　葵

刺葵是棕榈科刺葵属植物。又称台湾海枣。

刺葵产于中国台湾、广东、海南、广西和云南等地。生长于海拔 800 ～ 1500 米的阔叶林或针阔混交林中。

刺葵茎丛生或单生，高 2 ～ 5 米。叶长达 2 米，羽片线形。雌花序分枝短而粗壮，雄花近白色，花瓣圆形。果实长圆形，长 1.5 ～ 2 厘米，成熟时紫黑色，基部具宿存的杯状花萼。花期 4 ～ 5 月，果期 6 ～ 10 月。

刺葵采用播种繁殖，可用普通沙床播种；丛生植株也可分株繁殖。喜光，耐水湿，耐旱。

刺葵树形美丽、抗盐碱、抗风、耐水湿、耐旱、生长缓、果序生长慢，是热带、亚热带地区海岸绿化的优良树种，也可作为庭园绿化植物、行道树、园景树；可对植、丛植或群植。果可食，嫩芽可作蔬菜，叶可作扫帚。

大王椰子

大王椰子是棕榈科大王椰属高大乔木。又称王棕。

大王椰子原产于中美洲加勒比海群岛及沿岸。中国热带、亚热带地区广泛引种栽培。植株高大挺拔，树形奇特，叶片巨大；树干两头细、中间粗，基部膨大，形如导弹，是热带风光的典型代表植物，被古巴定为国树。

大王椰子茎单生，高 10 ～ 20 米，径粗 50 ～ 80 厘米，基部膨大，灰色，有环纹。叶片簇生于顶端，叶片长 3 ～ 6 米，全裂，羽片呈长披针形，长 50 ～ 90 厘米，宽 3 ～ 5 厘米，先端尖锐，2 裂。叶鞘长约 2 米。雌雄同株。花序生于冠茎下。果近球形，长 0.9 ～ 1.5 厘米，基部稍狭，成熟时为红褐色或带紫色。种子卵球形，棕黄色。

大王椰子喜温暖，生育适温为 25 ～ 30℃。在潮湿、光照充足、排水良好、土质肥沃、土层深厚的环境中长势最佳。一般采用播种繁殖，种子采收后随采随播。5 ～ 10 月为最佳播种期，30 天左右开始发芽。4 ～ 9 月定植成活率较高。病害有叶斑病、疫霉病、叶枯病等，害虫有椰心叶甲、蛴螬、白蚁等。

大王椰子常作为庭园观赏树种运用于园林景观的布置。可栽植于道路分隔带、广场，或三五株不规则地种植在草坪上、湖边，创造出具有热带风情的景观。中国科学院西双版纳热带植物园王莲池畔的“导弹基地”即是利用大王椰子营造的景观。

狐尾椰

狐尾椰是棕榈科二枝棕属常绿乔木。又称狐尾棕、狐狸椰子、二枝棕。

狐尾椰原产于澳大利亚昆士兰州梅尔维尔角国家公园内，属澳大利亚特有物种。因叶子看起来像毛茸茸的狐狸尾巴而得名。

狐尾椰茎单生，植株高达10～15米，茎干中部膨大，光滑稍呈瓶状，叶痕明显。叶羽状，长3米以上，羽片披针形，再深裂，螺旋状于叶轴上，排列状似狐狸尾巴。雌雄同株。花序穗状，多分枝，花单性，常3朵一组，中部雌花，两侧雄花，雄蕊多数，60～71枚。雌花子房具3心皮、1室，具1胚珠。果实椭圆形或卵圆形，长约6厘米，直径约3.5厘米，熟时橙红色。种子1枚，橄榄状椭圆形，表面有花纹，内果皮具很多粗而硬的纤维。

狐尾椰喜温暖潮湿、光照充足的环境，对土壤要求不严格，但在土层疏松肥沃、排水良好的壤土或沙质壤土中长势最佳。成年树能耐 -4℃低温，为棕榈科植物中较耐寒的品种之一。在室温25～30℃下保持足够的湿度，种子1～2个月开始发芽。定植时需掌握好栽植深度，以茎基部露出土面为宜，栽植太深则生长缓慢。病害主要有叶斑病和黑点病等，害虫主要有椰心叶甲、地下害虫蛴螬、蝼蛄及蛀杆虫红棕象甲。

狐尾椰植株婀娜多姿，是极具观赏价值的珍贵园林树种，广泛应用于公园造景、道路绿化。狐尾椰种子坚硬，表皮具有网状纹路，是制作“千丝菩提”的材料。

加拿利海枣

加拿利海枣是棕榈科海枣属高大乔木。又称加拿利刺葵。

加拿利海枣原产于非洲西北部的加拿利群岛（又译加那利群岛）。中国长江以南有引种栽培。

加拿利海枣茎干粗壮高大，高可达15米左右，径粗50～100厘米，有老叶痕。大型羽状复叶聚生于顶端，长6米，羽片多，排列整齐或成对排列，小叶基部对折，基部小叶坚硬呈针刺状。雌雄异株。圆锥花序长1.0～1.5米，花小，黄色。浆果，果实卵状球形至长椭圆形。种子长椭圆形，长1.5～2.0厘米，一侧有槽沟，两端钝圆。花期5月上旬，果期9～10月。

加拿利海枣

加拿利海枣喜温暖潮湿、光照充足的环境，对土壤要求不高，具有很强的耐盐能力。成年树耐旱，并能耐-12℃的低温，是一种抗性极强的园林绿化景观树种。常见病害有褐斑病、萎缩病、叶斑病等，害虫有椰心叶甲、二点象、红棕象甲。

加拿利海枣树形优美壮观，适宜热带地区栽培作观赏树，列植于道路两侧、大型建筑物前或作为草坪的点缀。

假槟榔

假槟榔是棕榈科假槟榔属常绿乔木。又称亚历山大椰子。

假槟榔原产于澳大利亚。中国福建、台湾、广东、海南、云南等热带、亚热带地区有引种栽培。

假槟榔茎干挺直，高达25米，茎粗可达20～30厘米，有明显的环纹和长的冠茎。羽状复叶，长达2米。羽片多数，整齐排列于叶轴上，形成平面。叶表面绿色，背面有灰白色鳞片。叶柄上面有凹槽。雌雄同株。花序长约 90 厘米，多分枝。果球形，成熟时为红色。种子球形，被纤维包裹。喜温暖潮湿、光照充足的环境，对土壤要求不严格，耐干旱，适应性较强，以肥沃湿润的壤土为佳。生性强健，病虫害发生较少。

假槟榔常用于道路、生活小区、庭院等场所的绿化和美化，是营造热带、亚热带风光的代表性风景园林树种。

酒瓶椰

酒瓶椰是棕榈科酒瓶椰属常绿乔木。又称酒瓶椰子、酒瓶棕。

酒瓶椰原产于马斯克林群岛，是一种典型的热带棕榈植物。中国海南、广东、福建、广西、云南等地有引种栽培。其茎干在近地面处稍细，向上逐渐增粗，近冠茎处又收缩变细，形如酒瓶，因此被称为酒瓶椰。

酒瓶椰茎单生，最大茎粗可达 40 ～ 70 厘米。叶羽状，全裂，羽片披针形，长约 45 厘米，叶色淡绿，叶质坚挺，背面有鳞片。叶柄长 30 ～ 40 厘米。雌雄同株。花序见于冠茎下，花黄绿色。果椭圆形，成熟时为黑褐色。种子椭圆形。喜高温、湿润、半阴的环境，耐盐碱、怕寒冷、不耐涝。以排水良好，富含有机质的土壤为佳。采用播种繁殖。主要病害有心腐病、叶斑病，受红棕象甲为害严重。

酒瓶椰子树形奇特，其下部膨大的茎干形如酒瓶，非常美观。常用于园林绿化的行道树或草坪庭院的点缀，也可盆栽用于装饰宾馆的厅堂和大型商场。

观赏花卉

八仙花科

八仙花

八仙花是八仙花科八仙花属观赏植物的统称。

八仙花属有 200 多种，主要分布于亚洲和美洲。中国有 46 种 10 变种，主要分布在西南部至东南部各地。

◆ 形态特征

八仙花为常绿或落叶亚灌木、灌木或小乔木，少数为木质藤本或藤状灌木。叶 2 片对生。顶生伞形状聚伞花序、伞房状聚伞花序或圆锥状聚伞花序。具有二型花，包括装饰花和可孕花。生于花序外侧的装饰花 2 ～ 5 片，分离，没有花瓣和雄蕊，萼片花瓣状，具有长柄，花大。生于花序内侧的可孕花较小，花瓣 4 ～ 5 片，镊合状分离排列，花萼筒与子房贴生，雄蕊 10 ～ 25 枚，子房上位或完全下位，2 ～ 5 室，胚珠生于子房室的内侧，多数；花柱 2 ～ 4 个，少有 5 个，分离或基部连合，具顶生或内斜的柱头，宿存。蒴果 2 ～ 5 室，种子多数，极其细小，种皮具脉纹膜质。

◆ 分类

不同的八仙花品种具有不同的花色、花形、开花习性等。八仙花的花形分为 4 类：第一类是花序中间为可育花、周围为装饰花的蕾丝边八仙花。第二类是花序全部为装饰花的绣球花。蕾丝边八仙花更原始，绣球花是蕾丝边八仙花变异的结果（大众经常将八仙花称作绣球花并不科学，另外忍冬科植物琼花和欧洲琼花的花形都是绣球形，特别容易引起混淆）。第三类是圆锥绣球花。第四类是蕾丝边圆锥八仙花。

圆锥八仙花

◆ 品种群

八仙花属植物中常见观赏种类有以下品种群：①大叶八仙花。该品种群有大量品种，花色有白、粉、蓝、紫、红等，伞房状聚伞花序全部为装饰花。能够耐 -12℃的低温。存在新枝和老枝开花两类品种，最新培育的无尽夏品种可以实现新枝和老枝都开花。在冬季比较寒冷的地区往往地上部分受冻，因此仅老枝能开花的品种不能露地栽培。该品种群的花色受土壤 pH 的影响，在碱性条件下呈粉色，在酸性条件下呈蓝色。②圆锥八仙花。花色有白色及粉色，圆锥状聚伞花序。能够耐 -36℃的低温。新枝开花，因此不怕冬季受冻。喜全日照，花色不受土壤 pH 的影响。③乔木八仙花。花色白色或粉红色。能够耐 -36℃的低温。该品种群能够在当年新枝上开花，所以在冬季或早春修剪时可以把整株平茬；即使冬季地上部受冻，也不会影响第二年正常开花。④栎叶八仙花。花色白色。原产于北美洲，能够耐 -24℃的低温。⑤粗齿八仙花。花色有白色、粉红色、蓝色、紫色。能够耐 -12℃的低温。花形为蕾丝边八仙花形。⑥重瓣八仙花。花色有白色、粉红色、蓝色、紫色。能够耐 -8℃的低温。

◆ **用途**

八仙花可以作盆花、切花栽培，亦可应用于园林绿地中的八仙花专类园或八仙花花境。

凤仙花科

凤仙花

凤仙花是凤仙花科凤仙花属一年生草本植物。又称指甲花。

凤仙花原产于中国、印度、马来西亚。同属植物约 600 种，中国约 180 种。

凤仙花

凤仙花植株高 50 ～ 100 厘米。茎肉质，下部节部膨大，青绿色或红褐色至深褐色。叶互生，狭或阔披针形，边缘有锯齿。花腋生，单朵或数朵，有膨大中空向内弯曲的距，花瓣 5 枚，旗瓣有圆形凹头，翼瓣宽大二裂，有白、粉、红、玫瑰红、紫等色或带斑点色彩。

凤仙花植株健壮，生长迅速，喜炎热，畏寒冷，耐瘠薄土壤。通常用播种方法繁殖。栽培品种较多，除花色多样外，亦有半重瓣、重瓣品种。

凤仙花是花坛、篱旁、花境、庭前常见的草花，矮生重瓣品种适于盆栽。红色花瓣加明矾捣碎可染指甲，种子入药名为“急性子”，茎入药称“凤仙透骨草”。同属常见栽培的除凤仙花外，还有包氏凤仙、何氏凤仙、水凤仙、紫凤仙、苏丹凤仙等。

菊　科

大丽花

大丽花是菊科大丽花属多年生草本植物。又称大理花、地瓜花、东洋菊等。

大丽花属植物约有 15 种。属名 *Dahlia* 是为纪念瑞典植物分类学家 A. 达尔。大丽花系天然种间杂种，16 世纪初墨西哥人将野生大丽花从山地移至庭园。1789 年传到欧洲，育成许多新品种，并于 1842 年由荷兰引入日本。20 世纪 30 年代由日本传入中国。

大丽花有巨大棒状块根。茎直立，多分枝，高 1.5 ～ 2 米，粗壮。叶 1 ～ 3 回羽状全裂。头状花序大，有长花序梗，常下垂。花序由中间管状花和外围舌状花组成，舌状花 1 层至多层，白色、红色或紫色，为单性花，顶端有不明显的 3 齿，或全缘。管状花多黄色，为两性花，有时在栽培中全部为舌状花。总苞片外层约 5 个，卵状椭圆形，叶质。内层膜质，椭圆状披针形。瘦果褐色，多长椭圆形，有 2 个不明显的齿。花期 6 ～ 12 月，果期 9 ～ 10 月。

大丽花

大丽花在园艺栽培上常用栽培品种的花形主要有单瓣型、环领型（领饰型）、复瓣型、圆球型、绣球型（蜂窝型）、装饰型、睡莲型（半重瓣型、牡丹型）、仙人掌型（蟹爪型）、菊花型（折瓣仙人掌型）、毛毡型（毛章型、裂瓣仙人掌型）、半仙人掌型（星星型）、白头翁型等类型。

大丽花性喜冷凉和通风良好，在气候凉爽、昼夜温差大的地区生长开花尤佳。喜光，但阳光过强不利于开花，过弱则花色浅而不艳，花朵变小。既不耐寒又畏酷暑，以 10 ～ 30℃为适温。不耐旱、涝，在年降水量 500 ～ 800 毫米的地区栽培较好。要求疏松、排水良好的肥沃沙质壤土。

大丽花最常用的繁殖方法为分株，也可扦插、播种繁殖。露地栽培一般于晚霜后进行。盆栽宜选用矮生优良品种的扦插苗。

大丽花花色娇艳，花期甚长，且适应性强，易于栽培，故成为世界名花。可用于布置花坛、花境或盆栽，也可作为切花。

百日草

百日草是菊科百日菊属直立性一年生草本植物。又称步步高。

百日草原产于墨西哥。世界各地广泛栽培，有时逸为野生。园林中常用的是通过杂交培育出的品种。品种繁多，可达数百种。

◆ 形态特征

百日草茎直立，高 30 ～ 120 厘米，被糙毛或长硬毛。叶宽卵圆形或长圆状椭圆形，两面粗糙，下面被密短糙毛，基出 3 脉，单叶对生，无叶柄，基部抱茎。头状花序单生枝端，舌状花多轮，倒卵形，深红色、玫瑰色、紫堇色或白色，舌片倒卵圆形，先端 2 ～ 3 齿裂或全缘，上面被短毛，下面被长柔毛。管状花黄色或橙色，先端裂片卵状披针形。花朵直径 4 ～ 15 厘米。雌花瘦果倒卵圆形，管状花瘦果倒卵状楔形。花期 6 ～ 9 月，果期 7 ～ 10 月。花形丰富多变，有单瓣、重瓣、卷瓣、皱瓣等类型。花色从白色和奶油色到粉红色、红色和紫色，再到绿色、黄色、杏色、橙色、鲑鱼色和青铜色，也有条纹、斑点和双色品种。在植株高度方面，已培育出低于 15 厘米的矮化品种用于盆栽，同时亦有适宜作为切花的高秆品种。

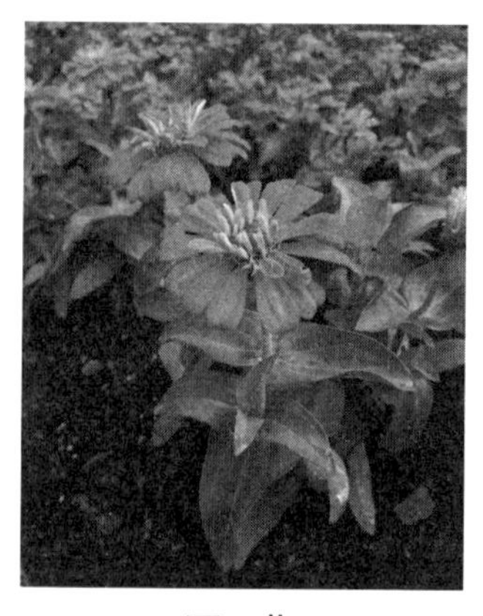

百日草

◆ 栽培与管理

百日草易栽培，喜排水良好、肥沃的土壤和充足的阳光。在干燥温暖（15 ～ 30℃）、无霜冻的地区生长良好，很多品种较耐旱，因此在中国北方地区更为适宜。不耐寒，温带地区需要在霜冻后进行播种。播种前，土壤和种子要经过严格的消毒处理，以防生长期出现病虫害。基质用腐叶土 2 份、河沙 1 份、泥炭 2 份、珍珠岩 2 份混合配制而成。定植时盆底施入 2 ～ 3 克复合肥，定植后用 800 倍液敌克松灌根消毒，待根系生长至盆底即可开始追肥，每周施肥 2 ～ 3 次。定植 1 周后开始摘心，摘心后可喷 1 次杀菌剂并施 1 次重肥。常见病害有白星病、黑斑病、花叶病等，害虫有蚜虫、红蜘蛛等。

◆ **用途**

百日草是著名观赏植物，夏季开花且可开至初秋，花朵陆续开放，长期保持鲜艳的色彩，象征友谊天长地久。百日草第一朵花开在顶端，然后侧枝顶端开花比第一朵更高，因此又得名“步步高”。株型美观，花大色艳，开花早且花期长，可按高矮分别用于花坛、花境、花带，矮型品种用于盆栽。

菊　花

菊花是菊科菊属多年生草本植物。古称鞠。

菊花原产于中国。花色丰富多彩，姿容飘逸，自古即受人喜爱，为中国十大传统名花和世界四大切花之一。中国东周时期古籍中已有黄花野菊的记载。唐代以后，品种日益增多，栽培更为广泛。清初《广群芳谱》中记有品种 153 个。至 20 世纪，品种已不下数千。日本栽培的菊花最早由中国经朝鲜传入。17 世纪末，荷兰商人将菊花传入欧洲。19 世纪，英国植物学家利用中国和日本的优良菊花品种杂交育成新的品种。后又从英国传入美国。

◆ 形态特征

栽培菊是由某些黄色、白色或紫色的野生菊经种间杂交演化而来的。茎多分枝，基部木质化。株高 40 厘米至 2 米。单叶互生，多卵圆形，长 5 ～ 15 厘米，边缘具粗大锯齿或深裂。头状花序，外围为舌状花，大小、形状变化很大，有平瓣、匙瓣、管瓣、畸瓣、桂瓣之分；中心为筒状花，常稀少或阙如，有时长大成桂瓣。不同的瓣形，形成不同的花形，具有各种不同的颜色，构成多种多样的品种。花序下为总苞，舌状花多为雄性花，筒状花为两性花，雌蕊柱头两歧。瘦果。世界上有万余品种菊花，依花径可分为大菊（径 6 厘米以上）和小菊（径 6 厘米以下）；依花期可分为春菊、夏菊、秋菊、冬菊（寒菊）和四季菊；依花色可分为黄色、白色、粉色、紫色、橙色、褐色、绿色以及间色和复色等。

◆ 生长习性

菊花为短日照植物，喜光，性耐寒，适应性强，中国自华南至东北均能栽植。对温度、土壤酸碱度的要求不严，但以 18 ～ 22℃和中性至微酸性（pH6.0 ～ 6.7）、排水良好的肥沃壤土最适生长。采用种子或营养体繁殖均可，以扦插繁殖为主。

◆ 整形方法

菊花有多种整形方法：①独本菊。为单干顶端着单花，栽培中不摘心，仅适时除去侧芽和蕾。②多头菊。花头保持 3 朵以上至数十朵。③大立菊。一株上着花数百朵至千朵以上，冠幅可达 2 米以上。④塔菊。将菊花培养成直立的塔形。⑤悬崖菊。用小菊培育，顶端不摘心，基部侧枝则反复摘心。先端用长竹片诱导拱形生长，形成后宽端狭的尾状。开花时将花盆置于高处，花枝拱泻而下，别具风趣。⑥造型菊。选节间较长且枝条柔软的大菊或小菊培养成多头菊后，先用铁丝或细竹条编成文字或动物、建筑物等形状，再将花朵排列绑扎其上，形成精美的艺术形象。⑦盆景菊。多以小菊为材料，控制水量，应用盆景制作技艺，通过摘叶、整形或将茎缠附于干枯树桩上，养成老干虬枝、古木开花的形态。

◆ 用途

菊花观赏价值较高，除盆栽或配植花坛外，常用作切花材料。药用菊花性微寒、味甘苦，具有散风清热、平肝明目的功能，主治感冒风热、头痛、目赤等症。部分菊花品种可供饮用，称为茶菊；味甘甜的菊苗及部分品种的花瓣，可作蔬菜。

秋海棠科

秋海棠

秋海棠是被子植物真双子叶植物葫芦目秋海棠科秋海棠属的一种。

◆ 名称来源

宋代《采兰杂志》记载："昔有妇人怀人不见，恒洒泪于北墙之下。后洒处生草，其花甚媚，色如妇面，其叶正绿反红，秋开，名曰断肠花，即今秋海棠也。"因其花秋天开放，同蔷薇科的海棠花形态相似而得名。

◆ 地理分布

秋海棠仅产于中国，广布于四川、云南、贵州、重庆、湖北、湖南、广东、江西、浙江、安徽、河北、河南、甘肃、陕西、广西、福建、山西、山东、江苏、北京、天津、辽宁、西藏。2009 年中国台湾南部的高雄市山区也发现一处分布，但后因发生泥石流被毁。在中国大陆分布以浙江宁波天童国家森林公园为东界，西藏察隅县察瓦龙秦那通为西界，云南屏边县为南界，辽宁凌源市河坎子冰沟为北界，该处也是秋海棠属植物全球分布的最北端。日本江户时代宽永（1624 ～ 1644）年间，秋海棠首次从中国传入日本，现已在该国多地大量自然化。

秋海棠主要生长在林下、林缘、山坡、瀑布及溪流边、溶洞内及洞口等处的石壁、石穴、石峰和陡坡，海拔 75 ～ 3400 米，最低分布点为江苏宜兴张渚镇善卷洞风景区，最高为云南哈巴雪山。

◆ 形态特征

秋海棠为多年生草本，高 8 ～ 80 厘米，地上部分冬季枯死。地下块茎近球形，单生或同新发育者相连，直径 5 ～ 30 毫米，具密集而交织的细长纤维状根。地上茎直立，罕见近攀缘状，有或无分枝，无纵棱，近无毛。托叶膜质，早落，长三角形至披针形，长 8 ～ 15 毫米，宽 2 ～ 5 毫米，先端渐尖。基生叶无，茎生叶互生，具长柄，茎节部及叶柄基部常红色。叶柄近圆柱形，无沟槽，光滑，长 0.5 ～ 32 厘米，粗 1 ～ 6 毫米。叶片两侧不相等，少近等，轮廓宽卵形、卵形或卵心形，长 10 ～ 18 厘米，宽 7 ～ 14 厘米，上面浅绿色、褐绿色，有时带红晕或白斑，幼时散生硬毛，后逐渐脱落，老时毛少，下面灰绿色、带红晕或紫红色，或仅叶脉红色，沿脉散生硬毛或近无毛，先端渐尖至长渐尖，基部心形，常偏斜，边缘具不等大的三角形浅齿，偶见大裂齿，齿尖带短芒，并常呈波状或宽三角形极浅齿；叶脉掌状，7～9（～11）条，常带紫红色，少绿色，腹脉凹、背脉凸。

秋海棠花序茎上部叶腋生和顶生，高5～12厘米，（2～）3～4回二歧聚伞状；花序轴近圆柱形，绿色或粉红色，无纵棱，光滑；苞片早落，长圆形或披针形，膜质半透明，光滑，长2～20毫米，宽1～10毫米，先端钝或尖；花常粉红色，少红色和白色，较多数，花被瓣状，离生；雄花：花柄粉红色，稍扁，光滑，长8～35毫米，粗0.6～1毫米，花被片4，光滑，外面2枚卵形、卵心形、宽卵形或近圆形，长10～20毫米，宽6～16毫米，先端圆或稍急尖；内面2枚倒卵形、长倒卵形至倒卵披针形，长6～16毫米，宽2～9毫米，先端圆、钝或尖；雄蕊8～80，集合成球形，花丝基部连合，合蕊柱长达1～10毫米，分离花丝长0.5～2毫米，花药近倒卵形或倒卵楔形，长约1毫米，先端钝圆或微凹，药室两纵裂。雌花：花柄粉红色，稍扁，光滑，长20～30毫米，上端有时见1～2枚退化萼片；花被片3，稀2，外面2枚卵形、卵心形、近圆形或扁圆形，长8～15毫米，宽8～16毫米，先端圆；内面1枚，倒卵形或倒卵披针形，长5～10毫米，宽3～5毫米，先端钝圆；花柱3，1/2部分合生或微合生或离生，柱头2裂，U形螺旋状扭曲、简单U形、肾状或头状，带刺状乳头。子房3室，中轴胎座，每室胎座具2裂片。果柄常红色，细长稍扁，光滑，长12～40毫米。蒴果下垂，光滑，轮廓椭圆形或长椭圆形，长8～15毫米，直径6～10毫米，具不等3翅，翅形态差异大：背翅大，长三角形，长7～25毫米，与果实纵轴成锐角至钝角；侧翅2短小，三角形、短三角形、退化呈窄檐状或近消失，长 0 ～ 18 毫米，宽 8 ～ 22 毫米。种子极多数，细小，长圆形，淡棕色，每个果实种子达数千粒。花期 6 ～ 10 月开始，果期 7 ～ 12 月，因分布地域和海拔高度而异。植株开花前后叶腋开始产生数枚卵形、卵锥形或近球形珠芽。通过种子和珠芽繁殖。

◆ 分类系统

本种为国产秋海棠属在国内分布最广的种，种下多样性十分丰富，不同居群的个体大小、茎分枝、叶片形态及颜色、花部及果实等特征差异较大，因此给种下类群划分带来很大困难。《中国植物志》将秋海棠处理为 1 个原亚种，即秋海棠；2 个亚种，即全柱秋海棠、中华秋海棠；3 个变种，即单翅秋海棠、刺毛中华秋海棠和柔毛中华秋海棠。而英文版《中国植物志》（*Flora of China*）仅承认 3 个亚种，即秋海棠、全柱秋海棠及中华秋海棠。研究表明，英文版《中国植物志》中分类处理相对更合理，但也有缺点，因为根据现有的特征检索无法准确鉴定，并且还存在更多新的种下类群。

◆ 功能作用

秋海棠是一种很好的园林观赏花卉。该种数百年前引种到日本，如今在野外大量逸生，开花时十分美丽壮观，多处成为赏花景点。1804 年，W. 克尔在中国发现秋海棠并将其引种到英国，后被各国广泛引种栽培，成为欧美诸多植物园及私家庭院的重要花卉。在中国，很多寺庙也有栽培秋海棠的习惯，四川都江堰、云南丽江等地也见其被作为私家庭院花卉栽培。由于其观赏价值高，欧美等秋海棠育种家通过直接选育或杂交培育出了一些品种，综合美国秋海棠协会数据库（ABS Database）及英国皇家园艺学会数据库（RHS Database）等资料记载统计，该种相关的品种至少有 23 个。秋海棠是培育耐寒秋海棠品种的潜在良好亲本。

秋海棠还是一种传统中草药，含有多种活性成分，在中国的药用历史悠久，全株均可入药，以根为主，指其块茎部分，又称红白二丸、岩丸子、鸳鸯七、红黑二丸、一口血等，味苦、酸、涩，性微寒，具有活血调经、止血、止痢、镇痛等功效，主治崩漏、月经不调、赤白带下、外伤出血、痢疾、胃痛、腹痛、腰痛、疝气痛、痛经及跌打瘀痛等。茎叶味酸、辛，性微寒，具有解毒消肿、散瘀止痛、杀虫之功效，主治咽喉肿痛、疮痈溃疡、毒蛇咬伤、跌打散瘀、皮癣。花味苦、酸，性寒，具有杀虫解毒作用，主治皮癣。果味酸、涩、微辛，性凉，具有消肿解毒作用，主治毒蛇咬伤。

秋海棠也可食用或作为猪饲料。此外，秋海棠还有很高的文化价值，常见于历代文人墨客的诗词歌赋和散文小说中，也见于传统绘画、瓷器和雕刻艺术品中。

睡莲科

荷　花

荷花是莲科莲属宿根水生植物。又称莲、荷、芙蕖、水芙蓉。

中国从海南至黑龙江都有野莲分布。荷花在中国栽培历史悠久。中国浙江河姆渡新石器时代文化遗址中发现有莲花的花粉化石；春秋时期吴王夫差曾为西施修筑玩花池，栽荷观赏；明清以后，莲花在中国南北名园中广泛应用，并盛行缸、钵、碗栽。南北各地广泛种植，武汉、杭州等城市收集和培育的品种尤多。东南亚各国、日本、美国、澳大利亚等国均栽种荷花。

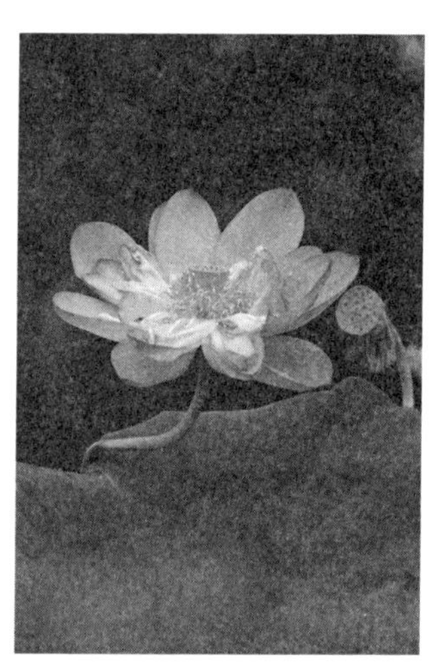
荷花

◆ 形态和类型

荷花的地下茎横生，节间肥大，节中有多个气孔道。叶扁圆形，挺立于水面，直径 10 ～ 70 厘米。花单生柄端，花瓣多数，随品种不同而有很大差异，多可至千瓣。花色有红色、粉红色、白色、绿色、黄色或复色等。花谢后花托膨大，即莲蓬。一个心皮形成一个椭圆形的果实，即莲子。

荷花按花形可分为单瓣型、复瓣型、重瓣型、重台型等类型。按株型大小可分为大花类和中小花类，其中适于钵、碗栽培的小花类特称碗莲。

◆ 生长习性

荷花喜相对稳定的静水，忌涨落悬殊和风浪较大的流水，水深一般不宜超过 1.5 米。生长季最适气温为 25 ～ 30℃，5℃以下则易受冻。要求日照充足，土质以富含有机质的黏土为宜，对氟和二氧化硫等有毒气体有一定抗性。莲子寿命特别长，千年古莲子仍能萌发新株。常以分株方式进行繁殖。

◆ 用途

砌池植莲，构成沿水岸线赏荷景观，是中国式园林建筑的传统手法。

各地名胜风景均广泛应用，也是净化水体的有效方式。荷花也适用于盆栽。荷花花瓣、嫩叶可食，各部分均可入药。

睡 莲

睡莲是睡莲科睡莲属多年水生草本植物。又称子午莲、水芹花。

睡莲在中国广泛分布，也产于印度、日本、哈萨克斯坦、朝鲜、俄罗斯、越南，以及北美洲和欧洲地区。

睡莲根状茎短粗。叶纸质，心状卵形或卵状椭圆形，长 5 ～ 12 厘米，宽 3.5 ～ 9 厘米，基部深心形，稍开展或重合。花单生，直径 3 ～ 5 厘米，花萼基部四棱形，萼片革质，宽披针形或窄卵形。花瓣白色，宽披针形、长圆形或倒卵形。浆果球形，为宿存萼片包裹。花期 6 ～ 8 月。

睡莲喜强光、通风良好、水质清洁的环境。对土壤要求不严，但须富含腐殖质的黏质土，最适水深为 25 ～ 30 厘米。一般采用分株繁殖，也可播种繁殖。

睡莲可用于美化平静的水面，也可盆栽或作切花。全草可作绿肥。

天南星科

龟背竹

龟背竹是天南星科龟背竹属常绿藤本植物。又称龟线草等。

龟背竹原产于墨西哥南部热带森林，南至巴拿马。被引入许多热带地区，偶尔在澳大利亚东部的暖温带、亚热带和热带地区归化。作为室内植物在温带地区广泛种植。在中国，福建、广东、云南多栽培于露地，北京、湖北等地多栽于室内。

◆ 形态特征

龟背竹在野外可长到20米高，但在室内生长时高度仅为2～3米。茎干粗壮，下部常生有褐色气生根。叶革质，幼苗的叶子较小且完整，没有裂片或孔洞，但随着生长叶片会出现深裂和孔洞。花为黄白色的肉穗花序，外具白色的佛焰苞。果实为绿色柱状聚果。

◆ 生长习性

龟背竹在热带和亚热带地区作为观赏植物在户外种植，需要较大的空间和肥沃、疏松的土壤。露地栽培应用时最好将其种在大树附近，以利于攀缘。不耐寒，温度低于10℃时停止生长。喜明亮的散射光且需要保持一定的空气湿度，忌强光暴晒。在其热带和亚热带栖息地易开花，理想条件下种植后约3年可开花，但室内种植时很少开花。主要通过扦插进行繁殖。

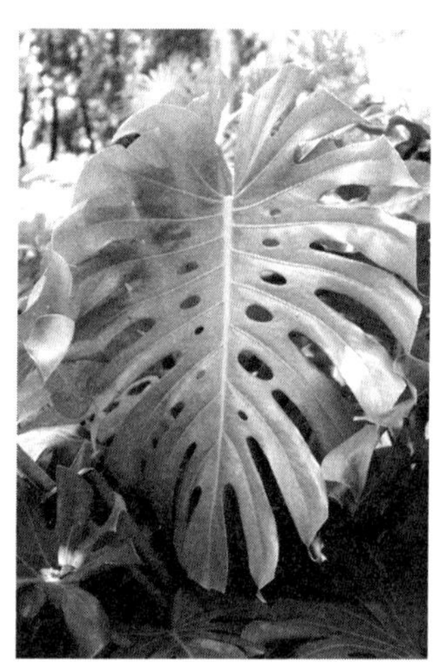

龟背竹叶

◆ 用途

温带地区常将龟背竹作为室内观叶植物进行栽培，常见于家庭和办公室等，可美化室内环境、净化空气，是重要的室内观叶植物。气生根在秘鲁被用作绳索，在墨西哥被用来制作篮子。在马提尼克，其根被用来治疗蛇咬伤。

苋　科

鸡冠花

鸡冠花是苋科青葙属一年生直立草本植物。

鸡冠花原产于亚洲热带地区，非洲、美洲、亚洲的热带和亚热带均有分布。中国南北各地均有栽培。同属植物约 60 种，中国有 4 种。

鸡冠花株高 30 ～ 90 厘米，茎直立粗壮。叶互生，卵状披针形，先端渐尖，基部渐狭，全缘。穗状花序肉质，顶生及腋生，依形状分头状鸡冠和羽状鸡冠两种类型。穗状花序扭曲折叠，酷似鸡冠的称为头状鸡冠形；穗状花序细穗呈芦花状，形似火炬的称为羽状鸡冠形。花多数，极密生。花被片有红色或白、黄、橙黄、橙红、淡红、紫红等色，具丝绒般光泽。花期 7 ～ 10 月，果实 9 ～ 10 月下旬成熟。胞果卵形，种子黑色有光泽，千粒重约 0.8 克。

鸡冠花喜阳光充足、干旱气候，宜疏松肥沃、排水良好的沙质壤土，忌霜冻和阴湿积涝，生长适温为 20 ～ 25℃。播种繁殖，春播，约 10 天发芽。异花授粉植物，园艺变种、变型、栽培品种很多，有早花种、晚花种，矮生型、中生型、高生型，红色系、黄色系和双色系等，色彩多变，深浅不同。

鸡冠花矮生品种常用于花坛或盆栽，高生品种常用于布置花境、花坛中心以及作切花和干花等。茎、叶、花穗及种子均可入药。

鸭跖草科

吊竹梅

吊竹梅是被子植物单子叶植物鸭跖草目鸭跖草科鸭跖草属的一种。又称斑叶鸭跖草。

吊竹梅因其叶形似竹、叶片美丽常以盆栽悬挂室内，观赏其四散柔垂的茎叶，故名。

吊竹梅原产于热带美洲。为归化种，中国福建、广西西南部、香港、台湾岛西南部等地有逸生，喜生于温暖湿润的生境中。现广泛栽培。

吊竹梅为多年生蔓生草本，多肉质，茎匍匐或外倾，长约 1 米，常形成紧密的垫状。茎具有分枝，无毛或具柔毛，节上生匍匐根。叶无柄互生，有叶鞘和叶片之分；叶鞘长 8 ～ 12 厘米，薄、革质；叶片卵形或椭圆形，稍肉质，上面具有银色条纹，背面全部紫色，无毛，叶边缘全缘。花生于叶状苞片内，两朵簇生一起，具有缘毛；花辐射对称；萼片 3，披针形到长圆状披针形；花瓣 3，玫红色，卵形，长约 6 毫米，先端钝；雄蕊 6；雌蕊 3 心皮合生，中轴胎座，每室 2 胚珠。蒴果，有皱纹。

吊竹梅是著名的绿化、栽培花卉，扦插繁殖极易，但冬季怕低温，长江流域冬季室外不能存活。全草入药，具有清热解毒、凉血止血、利尿之功效。

鸢尾科

鸢　尾

鸢尾是鸢尾科鸢尾属植物的泛称。

全世界鸢尾原种约有 300 种，主要分布在北温带地区。中国有鸢尾属植物 60 种、13 变种及 5 变型，以西南地区为主要分布中心。中国对鸢尾的栽培和应用均早于西方。药学古籍《神农本草经》《唐本草》《蜀本草》《本草图经》《本草纲目》等对鸢尾类药用价值、生长习性均有记载，尤其是鸢尾、蝴蝶花和马蔺等几个广布种。

◆ 形态和种类

鸢尾普遍具有较高观赏价值。花被片通常由 3 枚垂瓣和 3 枚旗瓣组成，花色极其丰富，有白色、粉色、黄色、橘色、深浅不一的蓝色、紫色甚至黑色或多种颜色组成的混合色。叶片呈剑形或带状，平行叶脉，叶色有深绿色、浅绿色、黄绿色、灰绿色和花叶等。根据地下根茎是否膨大可分为球根鸢尾和根茎鸢尾两大类。大多数鸢尾在温带地区表现为冬季落叶，花期集中在春末夏初，而少数种类可常绿越冬。

根茎鸢尾的生长适应性较强。根据其对水分的适应性，可分为水生、湿生和旱生三大类。其中，黄菖蒲、路易斯安娜鸢尾、花菖蒲和西伯利亚鸢尾是最常见的水湿生类鸢尾。德国鸢尾、香根鸢尾是典型的旱生种类，因其垂瓣上有髯毛附属物，称为有髯鸢尾，适宜种植于排水良好的沙质壤土。鸢尾属植物多具有阳性植物的特征，能耐一定程度的弱光，但不同种类对光照的需求不尽相同，例如蝴蝶花耐阴性较好，可作林下地被，而有髯鸢尾则相对喜光，在全光照条件下开花繁盛。水湿生类鸢尾如黄菖蒲、花菖蒲等往往具有净化水质的生态功能。马蔺、喜盐鸢尾、德国鸢尾和黄花鸢尾等具有不同程度的耐盐性。而分布于寒冷地区的落叶鸢尾如溪荪、玉蝉花、北陵鸢尾等，则具有较强的抗寒性。

◆ **繁殖**

鸢尾类繁殖通常以分株繁殖为主，在秋季或早春新根萌发前，将根状茎切割分栽即可；也可进行播种繁殖，春秋都可进行；球根鸢尾则以分球繁殖为主。

◆ **用途**

鸢尾属植物花形奇特、色彩丰富、生态类型多样，广泛应用于滨水绿地、水体驳岸、湿地公园等，可营造专类园，亦可片植于林下或配置岩石园、花境。球根鸢尾常用于切花。

观赏草

百合科

山麦冬

山麦冬是百合科山麦冬属多年生草本植物。又称土麦冬、大麦冬、鱼子兰、麦门冬。

除东北、内蒙古、青海、新疆、西藏以外，中国南北各地广泛栽培。日本、越南也有分布。山麦冬主要生长于海拔 50 ～ 1400 米的山坡、山谷林下、路旁或湿地。

山麦冬根状茎短粗，具地下横生茎；须根中部膨大呈纺锤形的肉质块根。叶线形、丛生，稍革质，基部渐狭并具褐色膜质鞘。总状花序，花葶自叶丛中抽出，具多数花，花淡紫色或近白色。浆果圆形，成熟时蓝黑色。花期 5 ～ 7 月，果期 8 ～ 10 月。

山麦冬生性喜阴湿，忌阳光直射。对土壤要求不严，但以湿润肥沃为宜。长江流域终年常绿，北方地区可露地越冬，但叶片枯萎，次年重新萌发新叶。山麦冬具有较强的耐寒性、耐阴性、耐旱性，也具备一定的耐涝性。

山麦冬种子存在休眠现象，需要秋季播种，或将种子用湿沙冷藏后春季播种。生产上常采用分株繁殖。

山麦冬作为地被植物在中国北方地区广泛应用。可药用，山麦冬以干燥块根入药，具有生津止咳，清心润肺之功效。药用的山麦冬主产于湖北，称湖北麦冬；福建泉州、仙游等地产短莛山麦冬，又称福建麦冬。也可作为观赏植物用于道路或庭院绿化。此外，亦可作为饲用植物。

唇形科

薄　荷

薄荷是唇形科薄荷属多年生草本植物。又称南薄荷、蕃荷菜、夜息香、野仁丹草等。以干燥地上部分入药，名为薄荷。

薄荷广泛分布于中国各地，曾主产于江苏、安徽，称为苏薄荷；江西、四川、云南也有栽培，但栽培面积较小，现新疆地区栽培面积较大。产区在间套作、肥料试验等方面的研究已取得较大进展。其他国家亦有栽培，其中以印度生产规模最大。

◆ 形态特征

薄荷株高达 100 厘米，有芳香。根状茎细长，白色或浅绿色，伸展在土中；地上茎直立，基部稍倾斜，棱形，具分枝，无毛或略有倒生的柔毛，角隅及近节处毛较显著。叶对生，叶形变化较大，卵状披针形、长圆状披针形至椭圆形，长 2 ～ 7 厘米，宽 1 ～ 3 厘米，先端锐尖或渐尖，基部楔形，边缘具细锯齿。侧脉 5 ～ 6 对，两面具柔毛及黄腺鳞，下面较密。轮伞花序腋生，球形，有梗或无梗，苞片数枚，条状披针形；

花萼管状钟形，长 2 ～ 3 毫米，外被柔毛及腺鳞，具 10 脉，萼齿狭三角状钻形，缘有纤毛；花冠淡紫色或白色，冠檐 4 裂，上裂片顶端 2 裂，较大，冠喉内被柔毛；雄蕊 4，前对较长，均伸出花冠之外。小坚果长卵圆形，褐色或淡褐色，具小腺窝。花期 7 ～ 10 月，果期 8 ～ 11 月。

◆ 生长习性

薄荷在海拔 2100 米以下地区均可生长，300 ～ 1000 米最适宜。除过沙、过黏、酸碱度过重以及低洼排水不良的土壤外均能种植，以土壤 pH 为 6 ～ 7.5 的沙壤、冲积土为宜。

薄荷再生能力较强，地上茎叶收割后，又能抽生新的枝叶，并开花结实，故中国多数地区 1 年收割 2 次，分别称为“头刀”与“二刀”，其生长周期均可分为苗期、分枝期、现蕾开花期。从出苗到分枝出现为苗期，自出现第 1 对分枝到开始现蕾的阶段为分枝期，现蕾开花期“头刀”薄荷在 6 月下旬至 7 月中下旬，“二刀”薄荷约在 10 月上中旬。

薄荷地下根茎宿存越冬，能耐 -15℃低温。春季地温稳定在 2 ～ 3℃时，根茎萌动，8℃时出苗，早春刚出土的幼苗能耐 -5℃的低温。气温低于 15℃时生长缓慢，高于 20℃时生长加快，生长最适宜温度 25 ～ 30℃。秋季气温降到 4℃以下时，地上茎叶枯萎死亡。生长期间昼夜温差大，利于薄荷油和薄荷脑的积累。

薄荷属长日照作物，喜阳光、湿润环境，不同生育期对水分要求不同。“头刀”薄荷的苗期、分枝期要求土壤保持一定的湿度。到生长后期，特别是现蕾开花期，对水分的要求则减少，收割时以干旱天气为好。“二刀”薄荷的苗期由于气温高，蒸发量大，生产上又要促进薄荷快速生长，所以需水量大，伏旱、秋旱是影响“二刀”薄荷出苗和生长的主要因素。“二刀”薄荷封行后对水分的要求逐渐减少，尤其在收割前要求无雨，才有利于高产。

◆ 繁殖方法

薄荷可用根茎繁殖、扦插繁殖或种子繁殖。生产上多用根茎繁殖，扦插繁殖在新产区扩大生产中使用，种子繁殖在育种中使用。

种子繁殖

每年 3 ～ 4 月将薄荷种子与少量干土或草木灰掺匀播到苗床，覆土 1 ～ 2 厘米，覆盖稻草、浇水，2 ～ 3 周出苗。但幼苗生长缓慢，易发生变异。

根茎繁殖

薄荷种茎有通过扦插繁殖的种茎或收获后遗留在地下的地下茎两种，前者粗壮发达，白嫩多汁，黄白根、褐色根少，无老根、黑根，质量好。采用开沟条播或撒播。在整好的畦面上，按 25 ～ 33 厘米的行距开沟，播种沟深度为 5 ～ 7 厘米，干旱天气宜深，土壤黏重、易板结的要浅。播种量秋播用白色根茎 50 ～ 70 千克 / 亩，如种根粗壮需适当增加数量；夏播以 150 千克 / 亩为宜。

◆ 栽培管理

选地与整地

选土质肥沃，土壤 pH 为 6 ～ 7，保水、保肥力强的壤土、沙壤土。老产区不选薄荷连茬地，或前茬为留兰香的地块；新产区以玉米田、大豆田为好。种植地块应在前茬收获后及时翻耕、做畦，一般畦宽为 1.2

米左右，整成龟背形。要求畦面整平、整细。

田间管理

①查苗补缺。播种移栽后及时查苗，断垄长度超 50 厘米需移栽补苗。②去杂去劣。在早春植株有 8 对叶以前进行。③中耕除草。开春苗齐后到封行前要进行 2 ～ 3 次。封行后要在田间拔除杂草。“二刀”薄荷田间中耕除草困难，应在“头刀”收后，结合锄残茬，拣拾残留茎茬和杂草植株，清沟理墒，出苗后多次拔草。④摘心。种植密度不足或与其他作物套种、间种时，可采用摘心的方法增加分枝数及叶片数，弥补群体不足，增加产量。⑤追肥。注重氮、磷、钾平衡施用。⑥排水灌溉。生长前期干旱要及时灌水。“二刀”薄荷前期正值伏旱、早秋旱常发生的季节，灌水尤为重要。薄荷生长后期，要注意排水，降低土壤湿度。收割前 20 ～ 30 天停止灌水，防止植株贪青返嫩，影响产量、质量。

◆ 病虫害防治

锈病

锈病主要为害薄荷叶片和茎。一经为害，叶片黄枯反卷、萎缩而脱落，植株停止生长或全株死亡，导致严重减产。防治方法：①加强田间管理，改善通风条件，降低株间湿度，以增强抗病能力。②发现少数病株立即拔除。③发病后用化学药剂防治。④如在收获前夕发病，可提前数天收割。

薄荷斑枯病

薄荷斑枯病又称白星病。严重时引起叶片枯萎，造成早期落叶。防治方法：①收获后清除病残体，生长期及时拔除病株，集中烧毁，以减少田间菌源。②选择土质好、容易排水的地块种植薄荷，并合理密植，使行间通风透光，减轻发病。③实行轮作。④发病期喷洒药剂。

主要害虫有小地老虎、银纹夜蛾和斜纹夜蛾。防治方法：用杀虫剂防治或采用物理方法诱杀。

◆ 采收加工

以薄荷油量为评价指标，适宜采收期分别为7月下旬、10月上中旬。选晴天中午进行收割。以药材为主的，收割后的运回摊开阴干2天，然后扎成小把，继续阴干或晒干。晒时经常翻动，防止雨淋着露。以原油销售为主的进行薄荷油提取。薄荷蒸馏方法有水中蒸馏、水蒸气蒸馏和水上蒸馏3种类型。

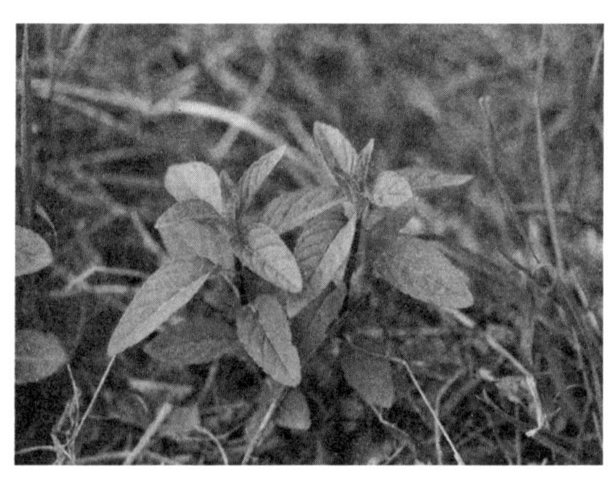

薄荷

◆ 价值

薄荷药材味辛，性凉。入药历史悠久。《药性论》载："去愤气，发毒汗，破血止痢，通利关节。"《唐本草》曰："主贼风，发汗。（治）

恶气腹胀满。霍乱。宿食不消，下气。”《本草图经》记：“治伤风、头脑风，通关格，小儿风涎。”《本草纲目》称：“利咽喉、口齿诸病。治瘰疬，疮疥，风瘙瘾疹。”故中医认为有疏散风热、清利头目、利咽、透疹的功效。用于风热感冒、头痛、目赤、咽痛、口疮、风疹、麻疹等症。经常和荆芥配伍用在解表、清头目、利咽喉、止痒、透疹等治疗。全草含挥发油，称薄荷油，油中含L-薄荷脑、L-薄荷酮、薄荷酯类，以及D-8-乙酰氧香芹艾菊酮等。薄荷油也是医药卫生、日用化工、食品工业等重要原料之一。此外，薄荷也常作为芳香植物和景观绿化植物。

禾本科

美洲狼尾草

美洲狼尾草是禾本科狼尾草属一种一年生草本植物。又称御谷、珍珠粟、蜡烛稗等。美洲狼尾草原产非洲西部，在亚洲和非洲广为栽培。中国各地有栽培。

◆ 形态特征

美洲狼尾草种内变异非常大。秆直立，高1～3米。叶鞘平滑；叶舌不明显，具长纤毛。叶片宽条形，长30～100厘米，宽1.0～5.0厘米。圆锥花序紧密呈柱状，长30～50厘米，径2～4厘米，主轴硬直，密被柔毛。小穗长3.5～4.5毫米，倒卵形，每小穗有2小花，第一花雄性，第二花两性。种子颜色因品种呈灰色、淡黄色或青灰色；千粒重4.5～10克。

◆ 生长习性

美洲狼尾草对温热条件适应幅度大，在≥10℃的积温为3000～3200℃·日的温带半湿润、半干旱地区均能生长。温热多雨的地区，生长繁茂，再生力强，生物产量高。生育期因品种而异。早熟种100～120天，晚熟种可达180天。耐湿性比高粱强。对土壤要求不严，可适应酸性土壤，亦能在碱性土壤上生长。具有较好的耐旱与耐瘠薄性。黏重土壤种植时，苗期易僵苗，发育不良。

◆ 繁殖

美洲狼尾草为短日照作物，开花主要受日照长短变化的影响。异花授粉，因雌蕊先熟，便于人为自交或杂交。

◆ 栽培管理

美洲狼尾草播种前需精细整地，每公顷施有机肥2.25万～3.75万千克或750～1000千克25%（8-8-9）复合肥作基肥。在缺磷土壤还应增施磷肥同时作基肥。播种量15～22.5千克/公顷。种子田宜点播，株行距30厘米×40厘米；作青饲条播，行距30厘米。在中国南京地区，4月中下旬播种。此时气温尚低，幼苗生长缓慢，与本地杂草竞争性弱，要及时中耕除草。生育期间要灌溉3～4次。每次刈割后应及时灌溉并追施氮肥。收获种子时，因种子成熟后裸露，要注意防止鸟害，及时采收。

◆ 价值

美洲狼尾草抽穗前刈割利用，茎叶品质优，适口性好，牛、羊、兔和草食性淡水鱼均喜食。宜青饲或青贮。早刈，可刈割3～4次，鲜草产量 4.5 万～ 6 万千克 / 公顷。此外，还可作观赏植物。

非洲狼尾草

非洲狼尾草是禾本科狼尾草属 1 种多年生草本植物。又称隐花狼尾草、铺地狼尾草等。

非洲狼尾草原产于非洲肯尼亚赤道年降水量 916 毫米以上的高原地带，其英文名称（Kikuyugrass）源于此地区居住的吉库尤人（Kikuyu）。后引入热带和亚热带湿润地区，中国云南和海南有引种和栽培。

◆ 形态特征

非洲狼尾草株高 50 厘米左右。根深。具粗壮匍匐茎，匍匐茎节生根并长出新枝。叶长 20 厘米，叶宽 1 厘米以下。雌蕊和雄蕊伸出茎外，开花茎短，包藏于叶腋中。种子深棕色，千粒重约 3 克。

◆ 生长习性

非洲狼尾草不耐寒，在降霜地区枯死。在适宜生长地区生长旺盛，易形成致密草地。耐酸性土壤，耐放牧。施氮可显著提高草产量并改善品质。

◆ 繁殖

非洲狼尾草采种困难。放牧地的动物粪便中多见实生苗。

◆ 栽培管理

非洲狼尾草可用匍匐茎营养繁殖或种子播种。非洲狼尾草种子有休眠特性，播种前需酸处理种子以提高发芽率。非洲狼尾草种子播种量 1 ～ 2 千克 / 公顷，行距 100 厘米。根茎繁殖株行距 80 ～ 100 厘米。

◆ 价值

非洲狼尾草的草质柔软，营养价值较高，牛羊等喜食。适于放牧利用。由于其根系发达，扩展性好，是良好的水土保持植物，亦可作观赏植物。

柳枝稷

柳枝稷是禾本科黍属多年生草本植物。

柳枝稷起源于北美洲，自然生长范围从加拿大北部到墨西哥北部，从大西洋沿岸到美国中部地区。生长在草地、开阔的林地或盐碱湿地。

柳枝稷植株高大，株高 1 ～ 3 米，茎秆直立或松散弯曲，一般有 4 ～ 6 个茎节，分蘖能力强，多丛生，地上部生物量可达 74 吨 / 公顷。根系发达，主要分布在 1 米以内，最深可达 3.5 米。叶片深绿，有的种类粉蓝色，到秋季叶色变为金黄色至酒红色。叶形紧凑，叶片狭长，两面有蜡质，且均有气孔分布，中脉明显。圆锥花序长 15 ～ 55 厘米，小穗呈椭圆形，无毛。种子坚硬，表面光滑且具有光泽，新收获的种子具有较强的休眠性，千粒重 0.7 ～ 2 克。

柳枝稷是异花授粉植物，具有很强的自交不亲和性。可分为低地和高地两种生态型。低地生态型多为四倍体，茎秆较高、较粗，适应于温暖潮湿的环境；高地生态型茎秆细矮，生长较慢，多为六倍体或八倍体，具有更高的遗传多样性。在生产中主要利用种子繁育，也可利用根块茎扦插以及组织培养等方式。

柳枝稷具有明显的短日照植物的光周期特征，可以通过控制光照周期改变开花时间。种子在低于 10℃时不能萌发，夏季高温条件下生长迅速，最适生长温度为 30℃左右，经过抗寒锻炼后可在 -20℃条件下生存。具有很强的适应性，在北京能露地越冬，抗旱性强，耐盐碱。

种植柳枝稷时要密植，否则植株松散易倒伏。养护中肥水不宜过大，否则植株徒长，也容易倒伏。可分株繁殖，也可早春播种育苗，温度合适时移栽到室外，当年就可产生良好的景观效果。

柳枝稷在园林中可孤植、丛植、混合配置组成花境，或植于路缘勾画道路，或片植作屏障。冬季不倒伏，是良好的冬季景观植物。

芦　竹

芦竹是禾本科芦竹属多年生草本植物。

芦竹分布于全球热带、亚热带地区。中国产于广东、海南、广西、贵州、云南、四川、湖南、江西、福建、台湾、浙江、江苏等地。南方各地庭园引种栽培。

芦竹植株高大，高可达 6 米，具多数节，根状茎发达。叶片扁平，基部白色，抱茎。圆锥花序大型，长 30 ～ 90 厘米；小穗含 2 ～ 4 小花，颖果细小黑色。花果期 9 ～ 12 月。

芦竹喜温暖潮湿气候，喜水湿，又非常耐旱。喜阳光充足，也耐轻度遮阴，耐寒性稍弱。在北方地区，冬季其地上叶片干枯，但地下根茎可越冬，次年春季重新萌发叶片。适应性广、抗逆性强，具有较强的耐盐性，可在含盐 0.4% ～ 0.6% 的盐荒地带生长良好。

芦竹主要靠地下根茎繁殖，一般在春季进行。将生长 1 年以上植株的地下根茎切成块，埋在 10 ～ 20 厘米深的土壤中，浇足水，即可生长出新的植株。

芦竹常被用作观赏植物，适宜成片种植作背景，也可以单株种植，特别适宜开阔的滨水或湿地环境；还是优良的能源植物，也有药用价值。但在某些地区（例如新西兰北部），芦竹因地下根茎生长快，扩繁能力强，排挤本土植物，被认为是一种入侵植物。

拂子茅

拂子茅是禾本科多年生草本植物。

全世界约有 260 种拂子茅，广泛分布于温带地区。中国约有 27 种，南北方均有，但大多分布于北部和东北部地区。喜生于平原和绿洲，习见于水分条件良好的农田、地埂、河边及山地等土壤常轻度至中度盐渍化的区域，是平原草甸和山地河谷草甸的建群种。

“卡尔”拂子茅株群

拂子茅为丛生。茎秆直立，株高 80 ～ 150 厘米，早春叶片绿色或淡青铜色，叶片开展。圆锥花序，开展或紧缩为穗状；小穗含一小花，小穗轴常可延伸于内稃之背后且被丝状柔毛；外稃短于颖且常较之为薄，先端具微齿或 2 裂，基盘具长于或短于稃体的丝状毛。芒自稃体之基部或中部以上伸出，稀为无芒；内稃至薄，等于或短于外稃。颖果。花期 8 ～ 10 月。

拂子茅植物作为观赏草应用的种类和品种较多，主要有“卡尔”拂子茅、“花叶”拂子茅、宽叶拂子茅。

拂子茅植物在欧美、韩国等园林绿化中有非常广泛的应用，尤其是“卡尔”拂子茅、“花叶”拂子茅等。中国的园林绿化中已开始引种和应用这一类植物。在上海、南京、北京等地的园林绿化中被作为优良的造景观赏植物。

蒲 苇

蒲苇是禾本科蒲苇属多年生草本植物。蒲苇原产于阿根廷和巴西，中国上海、南京、北京等地区的公园有引种栽培。

蒲苇茎丛生，雌雄异株，叶多聚生于基部，极狭，长约 1 米，宽约 2 厘米，边缘具细齿，呈灰绿色，被短毛。圆锥花序大，雌花穗银白色，具光泽，小穗轴节处密生绢丝状毛，小穗由 2 ～ 3 花组成。雄穗为宽塔形，疏弱。花期 9 ～ 10 月。

蒲苇是著名的观赏草种类，具有多个观赏品种。花叶蒲苇叶带白色条纹，聚生于基部，边有细齿，高 50 ～ 120 厘米，圆锥花序，羽毛状，粉红至银白色。矮蒲苇，株高 120 厘米，叶聚生于基部，长而狭，边有细齿，圆锥花序大，羽毛状，银白色，矮蒲苇庭院栽培壮观而雅致，或植于岸边入秋赏其银白色羽状穗的圆锥花序。但在一些国家和地区，例如美国、新西兰和南非等，蒲苇被认为是一种入侵植物，有引种方面的限制。

蒲苇性强健，喜温暖湿润、阳光充足气候。对土壤要求不严，管理粗放。蒲苇在南方地区可露地越冬，北方地区露地越冬困难。一般多于春季进行分株繁殖，如秋季分株则不易成活。

蒲苇花穗长而美丽，用于园林绿化或岸边栽植，入秋后其银白色羽状穗的圆锥花序尤为壮观。也可用作干花，或花境观赏草专类园内使用，具有优良的生态适应性和观赏价值。

沼湿草

沼湿草是禾本科沼湿草属多年生丛生下繁型草本植物。又称天蓝麦氏草。沼湿草原产于英伦三岛乃至欧亚大陆沼泽、湖泊及高山草地。

沼湿草叶绿色，秋季转为金黄色。叶宽 9 毫米，盛夏开花，紧凑圆锥花序着生于纤细茎秆上，呈弧形，高达 1 米。小花呈不明显紫色。

潮湿、冷凉的夏季最适宜沼湿草生长发育，若夏季炎热干旱，开花很少，而部分荫蔽和潮湿会缓解夏季炎热引起的不良反应，耐瘠薄，耐酸性土壤，也耐盐碱，抗病虫害能力强。

沼湿草可在春季播种繁殖或分株繁殖，株距 50 ～ 70 厘米，种植前清除多年生禾草，充分灌溉。种植完毕后，可在植株上覆盖 3 ～ 5 厘米覆盖物。每年覆盖 3 ～ 5 厘米的堆肥可保证土壤和植株处于良好状态。

沼湿草适用于沼泽、湖泊、湿地等景观建设，常与低矮地被植物配置。

大油芒

大油芒是禾本科大油芒属多年生草本植物。又称山黄管、大荻。大油芒原产于中国，以华北地区生长最为普遍。日本、朝鲜及西伯利亚地区也有分布。

大油芒根状茎发达，质地坚硬，密被鳞状苞片。茎秆密集，直立丛生，株高 90 ～ 120 厘米，最高可达 2 米，株型周正。叶片线状披针形，平展，亮绿色，中脉粗壮隆起，两面贴生柔毛或基部被疣基柔毛，叶宽 15 毫米，秋天变为紫红色。圆锥花序开展，多分枝，分枝近轮生，长 15 ～ 28 厘米，小穗宽披针形，第一颖草质，脉粗糙隆起，脉间被长柔毛，边缘内折膜质；第二颖与第一颖近等长，第一外稃透明膜质，卵状披针形，与小穗等长，第二小花两性，外稃稍短于小穗，花药柱头棕褐色，颖果长圆状披针形，棕栗色。花果期 7 ～ 10 月。

大油芒喜光，在轻度遮阴条件下也能健康生长。耐寒性好，北京地区露地越冬，成活率 100%。耐贫瘠性强，在黏性土壤中生长速度慢。耐旱性好，北京自然降水条件下可正常生长。抗病虫能力强，耐盐碱性差。通常生长于山坡、路旁林荫之下，多分布于山坡、林缘或与灌木混生。

大油芒采用种子育苗，早春在温室内播种，天气暖时移到室外，也可在春季分株移栽，当年即可达到良好的景观效果。留茬高度一般以 10 厘米为宜。

大油芒的圆锥花序夏天为绿色，秋天变为亮紫色，景观效果佳。在园林中适宜丛植点缀，效果突出，也可以成片种植，作背景和屏障。大油芒也是一种高产牧草，可以放牧或刈割，营养成分中等，早春时草质幼嫩，马、牛、羊均最喜食。

常青异燕麦

常青异燕麦是禾本科异燕麦属多年生丛生型草本植物。又称蓝燕麦草。常青异燕麦原产于欧洲中部和西南部，中国有引种。

常青异燕麦为冷季型草，叶片灰绿，略带蓝色。株型开展成拱形，株高（含花序）可达 140 厘米、冠幅 60 厘米。圆锥花序突出于叶层，蓝棕色，结实后转为棕黄色，花期 6 ～ 8 月。

常青异燕麦适应性广，具有很强的抗逆性，耐旱耐贫瘠，耐粗放管理。

常青异燕麦春季播种或分株繁殖。夏季干旱时有休眠现象。

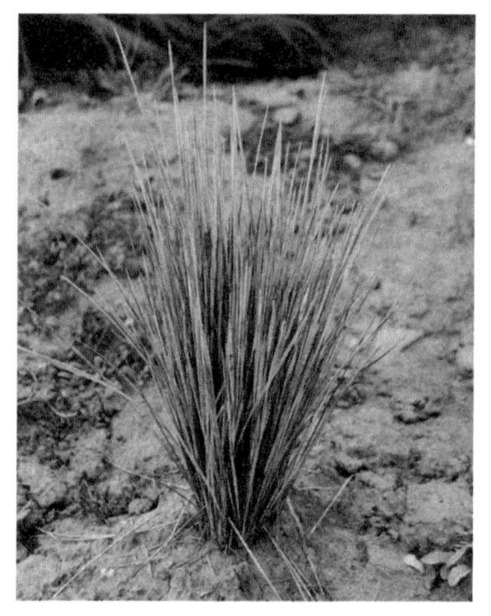

常青异燕麦单株

在园林设计和景观中，常青异燕麦常用作观赏地被或与其他植物、山石等进行配置，与粉色系的草花搭配效果更佳，也可作为镶边材料、盆景等。

芨芨草

芨芨草是禾本科芨芨草属多年生草本植物。又称积机草、席萁草、棘棘草。

芨芨草多分布于欧亚温寒带地区；中国分布于西北、东北各地及内蒙古、山西、河北、四川西部、青藏高原东部等地区。生态可塑性广泛，在较低湿的碱性平原以至高达5000米的青藏高原上，从干草原带一直到荒漠区，均有芨芨草草甸分布，但不进入林缘草甸。在复杂的生境条件下，可组成有各种伴生种的草地类型。

芨芨草秆丛生，高0.5～2.5米。须根具沙套。叶片坚韧，卷折。圆锥花序开展，长40～60厘米；小穗长4.5～6.5毫米（芒不计），灰绿或带紫色，含1小花；外稃厚纸质，长4～5毫米，背部密生柔毛，顶端2裂齿；基盘钝圆，有柔毛；芒自外稃齿间伸出，直立或微曲，但不扭转，长5～10毫米；内稃2脉而无脊，脉间具毛，成熟时多少裸露。花果期6～9月。

芨芨草喜夏季凉爽、干燥、阳光充足的气候，根系强大，耐旱、耐寒、耐盐碱，是盐化草甸的重要建群种、适应黏土以至沙壤土。其分布与地下水位较高、土壤轻度盐渍化有关，地下水位低或盐渍化严重的地区不宜生长。故是牧区寻找水源、打井的指示植物。

芨芨草对土壤条件要求不高，耐粗放管理，种子发芽率低，多以分株法繁殖。分株移栽宜在早春、晚秋进行，分株时需要剪去多余的茎秆和叶片。

作为观赏植物应用时，芨芨草适宜单株种植，或丛植与其他植物组成花境，也可成片种植作背景。其株丛庞大，茎叶繁密，花序开展，绿期长，具有很高的观赏价值。也可在防止土壤侵蚀、生态恢复以及景观生态方面应用。早春幼嫩时，为牲畜的重要饲料；秆叶供造纸及人造丝；

又可改良碱地、保护渠道、保持水土。

蕨类植物

铁线蕨

铁线蕨是蕨类植物水龙骨目凤尾蕨科铁线蕨属的一种。

铁线蕨世界广布。中国分布于台湾、福建、广东、广西、湖南、湖北、江西、贵州、云南、四川、甘肃、陕西、山西、河南、河北等地，多生于沟谷或岩石湿地。

铁线蕨为多年生草本植物。高 15 ～ 40 厘米。根状茎横走，密被披针形淡褐色鳞片。叶片远生或近生，叶柄纤细，栗黑色，具光泽；叶片三角状卵形，中部以下多为二回羽状，中部以上为一回奇数羽状；羽片 3 ～ 5 对，互生，斜向上，有柄；末回小羽片斜扇形或近斜方形，上缘圆形，具 2 ～ 4 浅裂或深裂成条状的裂片；叶轴、各回羽轴和小羽柄均与叶柄同色，往往略向左右曲折。孢子囊群每羽片 3 ～ 10 枚，横生于能育末回小羽片的上缘；囊群盖长肾形或圆肾形，老时棕色，膜质，全缘，宿存。孢子周壁具粗颗粒状纹饰。

铁线蕨的淡绿色叶片搭配着乌黑光亮的叶柄，显得格外优雅飘逸，是蕨类植物中栽培最普及的种类之一。该种植物喜阴，适应性强，栽培容易，作为小型盆栽喜阴观叶植物，在许多方面优于文竹。此外，铁线蕨可吸收甲醛等有害气体，被认为是最有效的生物“净化器”。全草入药，可祛风、活络、解热、止血、生肌。

蜈蚣草

蜈蚣草是蕨类植物水龙骨目凤尾蕨科凤尾蕨属的一种。

蜈蚣草广泛分布于旧世界热带和亚热带地区。中国产于秦岭以南广大地区，常生于路边、墙壁或岩石缝。

蜈蚣草为多年生草本植物。植株高30～100(150)厘米。根状茎直立，密被蓬松的黄褐色鳞片。叶柄坚硬，深禾秆色至浅褐色；叶片倒披针状长圆形，一回羽状，侧生羽多数(可达40对)，无柄，向下羽片逐渐缩短，基部羽片仅为耳形，中部羽片最长，狭线形，基部扩大并为浅心脏形，其两侧稍呈耳形。叶薄革质，暗绿色，无毛。孢子囊群生于羽片侧脉顶部的联结脉上，线形；囊群盖狭线形，由变质的羽片边缘反折而成，膜质，黄褐色。

本种入药能祛风除湿、舒筋活络、解毒杀虫；也可盆栽观赏。研究发现，蜈蚣草不仅对砷有很强的忍耐和富集能力，而且生长快、生物量大、地理分布广、适应性强，在砷污染环境的修复方面具有良好的应用前景，对于研究植物中砷的吸收、运转和解毒机理等生理生化特性也具有重要学术价值。还可作为钙质土或石灰岩的指示植物。

肋毛蕨

肋毛蕨是蕨类植物水龙骨目鳞毛蕨科的一属。

肋毛蕨分布于亚洲、非洲、美洲热带及亚热带地区，尤以美洲热带的种类最为丰富。中国主产于西南及华南。

肋毛蕨是中型陆生植物。根状茎粗短，直立或斜升，与叶柄基部密被两型鳞片。叶簇生，叶柄暗棕色至禾秆色，叶片长圆披针形或卵状三角形，基部最宽，叶片 1 ～ 4 回羽状，基部一对羽片往往最大，各回小羽轴及主脉隆起为圆形（偶有凹陷），密被红棕色或灰白色多细胞、有关节的粗毛（即肋毛蕨型的毛），叶草质至纸质。叶脉分离，小脉单一或分叉，不达叶边，沿叶脉下面常有单细胞棒状腺体，并常有小鳞片或毛。孢子囊群圆形，较小，生小脉中部；囊群盖圆肾形，质薄而易碎，宿存或早落，或无囊群盖。孢子单裂缝，椭圆形，具刺状或瘤状纹饰。

本属最新定义包括了原三相蕨属，但不包括轴脉蕨属。共有 100 ～ 150 种，中国约产 10 种。

肋毛蕨叶片簇生呈花篮状，可作为观赏蕨类种植使用。

球子蕨

球子蕨是蕨类植物水龙骨目球子蕨科球子蕨属的一种。

球子蕨产于中国黑龙江、吉林、辽宁、内蒙古、河北、河南等地。生于潮湿草甸或林区河谷湿地上，海拔 250 ～ 901 米。俄罗斯、朝鲜、日本等地，以及北美洲地区也有分布。

球子蕨为多年生草本植物。土生，中型，高 30 ～ 70 厘米。根状茎长而横走，黑褐色，疏被阔卵形鳞片；鳞片渐尖头，棕色，薄膜质。叶疏生，二型；不育叶柄长 20 ～ 50 厘米，基部棕褐色，略呈三角形，向上深禾秆色，圆柱形，粗 2 ～ 3 毫米，上面有浅纵沟，疏被棕色鳞片，叶片阔卵状三角形或阔卵形，长 13 ～ 30 厘米，先端羽状半裂，向下为一回羽状，羽片 5 ～ 8 对，长 8 ～ 12 厘米，披针形，基部一对或下部 1 ～ 2 对较大，有短柄，边缘波状浅裂，向上的无柄，基部与叶轴合生，边缘波状或近全缘，叶轴两侧具狭翅，叶脉明显，网状，网眼无内藏小脉，叶草质，干后暗绿色或浅棕绿色，幼时略被小鳞片，成长后光滑无毛；能育叶低于不育叶，叶柄长 18 ～ 45 厘米，叶片强度狭缩，二回羽状，羽片狭线形，与叶轴成锐角而极斜向上，小羽片紧缩成小球形，包被孢子囊群，彼此分离。孢子囊群圆形，着生于由小脉先端形成的囊托上。

本种可作观赏蕨类栽培，栽植比较容易，园林中常用作假山石的配景植物，还可盆栽用作室内观叶植物。

莎草科

薹　草

薹草是莎草科多年生草本植物。

薹草主要分布于北美洲和亚洲东部的北温带地区。全世界有 2000 多种，中国约有 500 种。生境多样，从热带大草原、阔叶树森林、针叶树森林和草场至极地都有其种群分布。

薹草丛生，常具地下根状茎。小穗由多数支小穗组成，仅具1花，常单性，包在支小穗外面的先出叶边缘完全合生成囊状。果实为小坚果。

具有观赏价值的薹草种类主要有青绿薹草、花叶薹草、宽叶薹草、褐红薹草、柔弱薹草（蓝薹草）、高薹草（金碗薹草）、大岛薹草（金边薹草）、宽叶薹草、细叶薹草（砾薹草）、橘红薹草、发状薹草、仲氏薹草（皱苞薹草）、寸草、异穗薹草、棕榈叶薹草等。

薹草种类较丰富，具返青早、生长期长、根茎发达、耐阴性强等特点；同时，叶色变异较大，既有绿色，又有花叶、褐红、斑叶等，叶形有细叶、宽叶、棕榈叶等。既是理想的草坪草种，又可以作为优良的林下或建筑物背阴处地被植物，可单株丛植，与其他观赏草和花卉组成花境，列植作镶边造景；也可盆栽，室内观赏。

莎　草

莎草是莎草科一年生或多年生草本植物。

莎草在世界各地广泛分布。中国有30余种以及一些变种，大多数分布于华南、华东、西南各地，少数适应性强的种类在东北、华北、西北一带有分布。

莎草茎秆直立，丛生或散生。叶具鞘。长侧枝聚伞花序，小穗几个至多数，成穗状、指状、头状排列于辐射枝上端，小穗轴宿存。小坚果三棱形。

在中国，园林中常见应用的莎草有野生风车草和纸莎草。多生长在潮湿处或沼泽地，喜温暖、湿润的环境。较耐阴，有些种不太耐受低温。

莎草可通过播种、扦插和分株等方式进行繁殖。对于不太耐受低温的种类，冬季常需要保温养护。

园林中莎草常作为湿地绿化应用，也可和山石配置。此外，茎秆也可以作为造纸的原料。

水龙骨科

鹿角蕨

鹿角蕨是蕨类植物水龙骨目水龙骨科鹿角蕨属的一种。又称绿孢鹿角蕨。

鹿角蕨分布于中国云南西南部盈江县，海拔 210 ～ 950 米的山地雨林中。缅甸、印度东北部、泰国和马来西亚也有分布。

鹿角蕨附生。根状茎肉质，短而横卧，密被鳞片；鳞片淡棕色，中间深褐色，坚硬，线形。叶二型；基生不育叶，直立，无柄，贴生于树干上，长达 40 厘米，先端截形，3 ～ 5 次叉裂，裂片近等长，圆钝或尖头，全缘，两面疏被星状毛，初时绿色，不久枯萎。正常能育叶常成对生长，下垂，灰绿色，长 25 ～ 70 厘米。分裂成不等大的 3

枚主裂片，基部楔形，下延，近无柄，内侧裂片最大，多次分叉成狭裂片，裂片全缘，通体被灰白色星状毛，叶脉粗而凸出。孢子囊散生于主裂片第一次分叉的凹缺处以下，不到基部，初时绿色，后变黄色；隔丝灰白色。孢子绿色。

本种为国家二级保护植物，著名观赏植物。

松叶科

松叶蕨

松叶蕨是蕨类植物松叶蕨目松叶蕨科松叶蕨属的一种。松叶蕨广布于热带及亚热带地区。

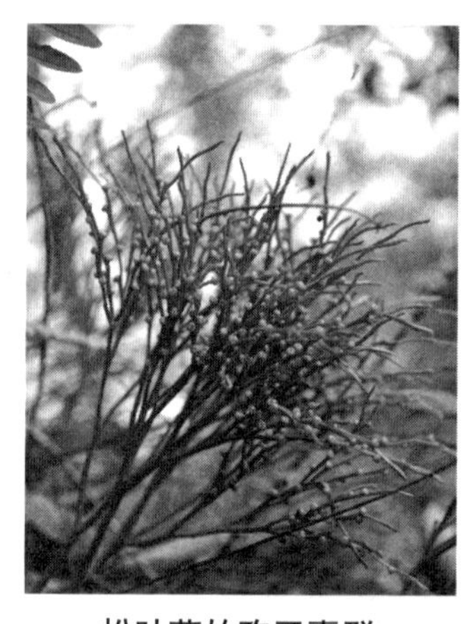

松叶蕨的孢子囊群

松叶蕨为小型蕨类，附生树干或岩缝中。根状茎横行，圆柱形，褐色，具假根，二叉分枝。地上茎直立，高15～51厘米，无毛或鳞片，绿色，下部不分枝，上部多回二叉分枝；枝三棱形，绿色，密生白色气孔。叶小型，散生，二型；不育叶鳞片状三角形，无脉，长2～3毫米，宽1.5～2.5毫米，先端尖，草质；孢子叶二叉形，长2～3毫米，宽约2.5毫米。孢子囊单生孢子叶腋，球形，纵裂，径约4毫米，黄褐色。孢子肾形，极面观矩圆形，赤道面观肾形。

松叶蕨可栽培观赏和药用，会产生一种特殊的酚类物质——松叶蕨（兰）素。

天门冬科

万年青

万年青是天门冬科万年青属多年生常绿植物。又称冬不凋、铁扁担。万年青分布于中国和日本。生长于海拔 750 ～ 1700 米的林下潮湿处或草地上。

万年青根状茎粗 1.5 ～ 2.5 厘米。叶 3 ～ 6 枚，厚纸质，矩圆形、披针形或倒披针形，绿色，纵脉明显浮凸；鞘叶披针形，长 5 ～ 12 厘米。花葶短于叶，长 2.5 ～ 4 厘米；穗状花序长 3 ～ 4 厘米，宽 1.2 ～ 1.7 厘米；具几十朵密集的花；花被长 4 ～ 5 毫米，宽 6 毫米，淡黄色，

万年青

裂片厚。浆果直径约 8 毫米，熟时红色。花期 5 ～ 6 月，果期 9 ～ 11 月。

万年青在各地常作盆栽供观赏。全株有清热解毒、散瘀止痛之效。

文　竹

文竹是天门冬科天门冬属攀缘植物。又称云片松、刺天冬、云竹等。

文竹原产于非洲南部和东部。该属全球约有 300 种，除美洲外，全世界温带至热带地区都有分布。中国有 24 种和一些外来栽培种，分布于全国各地。

文竹高可达 3 ～ 6 米。根稍肉质，细长。茎的分枝很多，分枝近平滑。浆果直径 6 ～ 7 毫米，熟时紫黑色，有 1 ～ 3 颗种子。

文竹性喜温暖湿润和半阴通风的环境，冬季不耐严寒，不耐干旱，夏季忌阳光直射。文竹通常采用分株繁殖，也可播种繁殖。分株繁殖最好的季节是春季。将文竹从花盆中取出，将新生的植株剥离，分别栽种到盆中，即可获得新的植株。

文竹是具有很高观赏价值的植物，体态轻盈，姿态潇洒，文雅娴静，可放置于客厅、书房，增添书香气息。

富贵竹

富贵竹是天门冬科龙血树属常绿小乔木。富贵竹原产于加那利群岛及非洲和亚洲的热带地区。20 世纪 80 年代后期大量引进中国。

富贵竹茎干粗壮、直立，植株细长，上部有分枝。根状茎横走，结节状。叶互生或近对生，纸质，叶长披针形，似竹叶，有明显的 3 ～ 7 条主脉，具短柄，叶片浓绿色。叶长 13 ～ 23 厘米，宽 1.8 ～ 3.2 厘米，边缘白色或黄白色，叶柄长 7.5 ～ 10.0 厘米。伞形花序有花 3 ～ 10 朵，生于叶腋处或与上部叶对生，花被片 6，花冠钟状，紫色。浆果近球形，黑色。株高可达 2 米。

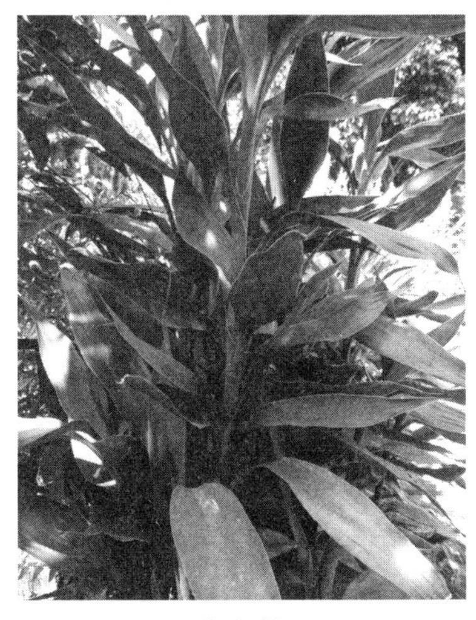

富贵竹

富贵竹性喜阴湿、高温，耐涝，耐肥力强，抗寒力强。适宜生长于排水良好的沙质土、半泥沙及冲积层黏土中。对光照要求不严，适宜在明亮散射光下生长。引种中国后常用作室内观赏花卉，具有较好的寓意。

本书编著者名单

编著者（按姓氏笔画排列）

于晓南	王　雁	王发国	王贤荣
田代科	包满珠	吕　彤	吕英民
刘　丽	刘　勐	刘云礼	刘红梅
刘建秀	孙宪芝	李丹青	李新华
杨世雄	肖建忠	吴沙沙	吴福川
张　栋	张启翔	张钢民	张宪春
张敬丽	陈　林	陈　超	陈己任
陈龙清	陈发棣	范树高	罗　乐
房伟民	赵世伟	赵宏波	赵凯歌
赵惠恩	洪加奇	夏宜平	顾红雅
顾洪如	郭巧生	郭起荣	葛　红
董诚明	傅小鹏	傅承新	蔡邦平
魏晓新	魏雪苹		